GENESIS The Deep Origin of Societies

ヒトの社会の起源は動物たちが知っている

「利他心」の進化論

エドワード・O・ウィルソン
小林由香利［訳］

NHK出版

ヒトの社会の起源は動物たちが知っている

「利他心」の進化論

GENESIS
THE DEEP ORIGIN OF SOCIETIES
by Edward O. Wilson

[ブックデザイン] 奥定泰之
[カバーイラスト] 三宅瑠人
[本文イラスト] Debby Cotter Kaspari

プロローグ

人間のありようについての問いはすべて、結局は次の三つに行き着く。私たちは何者なのか、何が私たちを創り出したのか、そして私たちは最終的に何になりたいのか。三つ目の問い、すなわち私たちがどんな運命を切り開きたいかに対する答えは極めて重要だが、その答えを知るには最初の二つの問いに正確に答えなければならない。この二つの問いは人類が出現する前とあとの遠い過去にさかのぼるもので、哲学者は概して確固とした答えを出せておらず、その結果、三つ目の、人類の将来に関する問いにも答えられずにいる。

私は動物と人間の社会的行動についての生物学を長年研究してきた。研究生活が終わりに差し掛かっている今では、これらの人間の存在にかかわる問いが、最も賢明な思想家たちによってすら内省しづらい理由、それ以上に、宗教上の教義や政治的信条にとらわれやすい理由を、以前より理解できる。最大の理由は、科学とそれに伴うテクノロジーの規模や複雑さが二倍に発展するのに要する時間は、分野によるが十数年から数十年という飛躍的なペースだった一方、人間存在の意味に客観的かつ説得力のある方法で取り組むようになったのはつい最近のことにすぎないからだ。

歴史上のほとんどにおいて、組織宗教（系統的な教義と教団組織を備えた宗教）は人間存在の意味づけに対する主権を主張してきた。宗教の創始者と指導者たちにとって、その謎を解くのは比較的簡単だった。神々が私たち人間をこの世に誕生させ、どう振る舞えばいいかを教えた、というわけだ。

なぜ世界各地の人びとが、この世に存在する四〇〇〇を超える幻想のうち、一つだけを信じ続けるのか。それは部族主義[★1]のせいだ。部族主義は、あとで示すように、人間が誕生するまでの一連のプロセスで生じた。組織宗教やほかの公共宗教はそれぞれ、宗教に類似するイデオロギーと同様に、部族というものを定義する。部族とは、ある特定の物語によって固く結ばれた人びとの集団だ。彼らの物語に含まれる歴史と道徳的教訓は得てして多彩で奇妙な内容でさえあるが、基本的に変えることができず、それ以上に、競合するほかのどんな物語にも勝るとみなされている。部族の人間は、自分たちの部族の物語が、この地球上だけでなく、私たちが知っている宇宙を構成する推定一兆個の銀河に数多ある（はずの）他のどの惑星においても、自分たちに特別な地位を与えることに勇気づけられている。何より、宇宙的な信仰と引き換えに個人の不死が保証されるなら、安いものなのだ。

チャールズ・ダーウィンは『人間の進化と性淘汰』（一八七一年）のなかで、人類がアフリカの類人猿の子孫である可能性を示唆して、人間存在の意味というテーマ全体を科学の範疇に入れた。この仮説は、当時は衝撃的で、いまだに多くの人には受け入れがたいものだが、正しいことがわかっている。以来、類人猿からヒトへの大規模な移行がどのようにして起きたのか、さまざまなことがわかって

★1 同じ言語や文化を共有する、自然発生した小規模な社会集団の成員が示す強い所属意識

きた。その主要な功労者は現代の五つの学問、すなわち、古生物学、人類学、心理学、進化生物学、神経科学の研究者たちだ。彼らの努力を結集した結果、現実の創世物語の構図がしだいに明らかになってきた。人類がいつ、どこで、どのように誕生したのか、今ではかなり多くのことがわかっている。

この事実に基づく創世物語は、それまで神学者だけでなく、ほとんどの科学者と哲学者も信じていた物語とはかけ離れていた。新しい物語は生物のほかの系統、つまりヒト以外の系統の進化の歴史に適合していて、そのうち一七の系統には利他主義と協力に基づく高度な社会が存在することがわかっている。これらが次章以降のテーマだ。

本書の後半では、これらのテーマと密接な関連があり、科学者による初期段階の調査も進んでいるテーマを取り上げる。どんな要因が人類を生み出したのか。厳密には何が神々に取って代わったのか。これについてはいまだに科学者の間で争点になっており、本書でみっちりと、かつ公正に、取り組んでみようと思う。

ヒトの社会の起源は動物たちが知っている◉目次

アリの「仲間殺し」の理由
ソフトな独裁主義
クモの変わったカースト社会
成長するコミュニティー
社会を進化させる真の要因は？

7 ヒトの社会性の起源

なぜ競争が減り、共存しやすくなったのか
「複合進化」という視点
人類の真社会性への道筋
チンパンジーたちの戦争
社会と暴力

・本文中の★は訳注を表す

1 人類のルーツを探る

進化はもはや理論ではなく、証明された事実だと科学者たちは考えている。その「進化の名人」としての自然選択は、実地での観察と実験をとおして、これまで納得できる形で示されてきた。

人類が長く生き延びていくためには、自分たちについて完全かつ正確に理解できるかどうかがカギとなる。そのためには有史三〇〇〇年のみならず、新石器革命で始まった文明の一万年でもなく、二〇万年前に完全なホモ・サピエンスが出現したときまでさかのぼって私たち自身のことを理解しなければならない。さらに昔の、何百万年にも及ぶ人類以前の系統も含めてだ。こうして自分たちのことが理解できれば、哲学の究極の問いに自信を持って答えることができるはずだ。どんな力が私たち人類を生み出したのか。何が私たちの祖先の神々に取って代わったのか。

進化の法則と自然選択

ほぼ確実に言えるのは次のことだ。人間の身体と精神のいたるところに、物理と化学の法則に従う物質的な土台がある。そのすべてが、科学的調査の継続によってわかっているかぎりでは、自然選択による進化を通じて発生した。

続けて基本的なことを言えば、進化は種の個体群における遺伝子頻度[★1]の変化で成り立っている。種は（しばしば不完全に）一つの個体群、もしくは個体群の集まりとして定義され、それぞれの個体は自然条件下で実際に自由に交配するか、もしくは自由な交配が可能だ。

遺伝的進化の単位は、遺伝子または相互作用する遺伝子の組み合わせである。自然選択のターゲットは環境であり、そのなかで、ある遺伝子の形態（対立遺伝子と呼ばれる）のほうに、ほかの形態（ほかの対立遺伝子）に対してよりも有利に働く。

社会が生物学的に組織される際、自然選択は常にマルチレベルで行われてきた。アリやシロアリに見られるような超個体[★2]の場合は、その社会のなかで下位にあたるメンバーが子どもを産まない労働者階級となるが、それ以外の場合は、メンバー同士が地位や繁殖相手や共有資源をめぐって争う。自然選択は集団レベルで同時に働き、個々の集団が他の集団との競争において優位に立てるかどうかを左右する。そもそも個体が集団を形成するかどうか、どうやって形成するか、そして形成された組織がさらに複雑になるかどうか、その結果どうなるか――以上はすべて、メンバーの遺伝子と彼らの置かれた環境次第だ。進化の法則にマルチレベルの選択がどのように組み込まれているかを理解するには、まず個体レベルとは何か、集団レベルとは何かを、それぞれ考えてみよう。生物学的進化は普通、個体群の遺伝子構成における変化として定義される。その個体群を構成するのは、種全体あるいは種の地理的な一区分において自由交配するメンバーである。自然条件下で自由交配する個体たちは一つの種を構成していると定義される。ヨーロッパ人、アフリカ人、アジア人は（文化によって隔てられていなければ）自由交配するので、すべて同じ種に属する。ライオンとトラは飼育下では交配可能だが、かつて南アジアで野生の状態で共存していたときには交配したためしはなかった。

★1　ある集団において特定の対立遺伝子（同じ遺伝子座にある相対する遺伝子の一つ）が含まれる割合

★2　多数の個体が集まって、一つの個体のように振る舞う生物の集団したがって別の種とみなされる。

進化のプロセスを理解するための問い

個体選択であれ集団選択であれ、自然選択は生物学的進化の推進力であり、ひと言で表現できる。すなわち、**起こすのは変異、成否を決するのは環境**だ。変異とは、ある個体群における遺伝子の任意の変化をいう。変異は、第一に遺伝子上にあるＤＮＡの文字列の配列が変わることによって、第二に染色体の遺伝子のコピーの数によって、あるいは第三に染色体における遺伝子の位置が変化することによって生じ得る。変異によって決定した形質（個体の性質や形）を持つ生物が周囲の環境のなかで生存・繁殖するのに比較的有利ならば、その変異遺伝子は増殖し、個体群全体に広がるだろう。一方、環境において不利ならば、その変異遺伝子は出現頻度が非常に低いままか、完全に消滅することになる。

単純明快な例を思い浮かべてみよう（現実には教科書並みに単純明快な例などない

が)。まず、ある鳥の個体群について、八〇パーセントが緑色の目を持ち、二〇パーセントが赤い目を持っているとする。緑色の目をした鳥のほうが死亡率が低く、結果的により多くの子孫を次世代に残す。その結果、次世代の個体群では緑色の目を持つ鳥が九〇パーセント、赤い目の鳥が一〇パーセントになる。自然選択による進化が起きたのだ。

進化のプロセスを把握するには、避けられない二つの問いに科学的に答えることが非常に重要だ。その一つが、大きさ、色、性格、知性、文化など、測定可能な形質のバリエーションのうち、どの程度が遺伝によるもので、どの程度が環境によるものなのか、という問いだ。それぞれの形質について遺伝か環境かを判断する方法はない。代わりに遺伝率というものがあり、特定の時期における特定の個体群内で次世代に伝達される形質のバリエーションがどれくらいあるかを測定できる。目の色の遺伝率は一〇〇パーセントに近い。つまり、目の色は「遺伝」であると言える。一方、皮膚の色は、遺伝率は高いが一〇〇パーセントではない。遺伝子だけでなく、日光を浴びる量や日焼け対策の度合いにも左右される。性格と知性の遺伝率は中程度だ。貧しくて無教養な家庭から親切で外向的な天才が生まれ、裕福な特権階級から性格の悪い劣等生が生まれることもある。社会を構成するメンバー全員のニーズと潜在能力に合った教育が、健全な社会へのカギを握っているのだ。

ヒトの個体群内で、人種——より厳密に言うなら亜種——として区別するのに十分な遺伝的（遺伝率の高い）差異はあるだろうか。こんな話題を持ち出すのは、人種というものがいまだに地雷原だからだ。身勝手な政治的左派と右派が、そこをつまずきながら進んでいる。この問題を解決するには、地雷原を歩き回って、より理に適(かな)った成果を生み出せるほうへ進むことだ。人種というのは個体群として定義されるため、結果として、ほぼ常に恣意的なものである。だが個体群は他の個体群と物理的に離れていて、ある程度孤立していないかぎり、人種を区別するのには役に立たない。ある種が生息する地理的範囲全体で、遺伝子形質が変化する場合、その変わり方には必ずといっていいほどずれがあるからだ。たとえば、大きさは北から南まで、色は東から西まで、食べ物の好みは種の生息範囲全体で多種多様になる可能性がある。そんな具合で、他の遺伝的形質と共に細かく分かれていき、最終的には地理的なバリエーションがすっかり細分化され、大変な数の「人種」になる。

進化はどの個体群でも常に起きている。極端なケースだと、一世代で新種が誕生するほど急速に進化している。逆に進化のペースが非常に遅く、種の特徴的な形質が遠い祖先に近いままという場合もある。後者は俗に「遺存種／残存種」「生きた化石」などと呼ばれる。

比較的速い進化の一例はヒトの脳で、一〇〇万年の間にホモ・ハビリスの約九〇〇ccから、その子孫であるホモ・サピエンスの一四〇〇ccまで発達した。それとはごく対照的に、ソテツやクロコダイル（ワニ）の種は過去一億年の間、その形質のほとんどにおいて比較的変化していない。まさに「生きた化石」だ。

環境の違いで遺伝的形質はどのくらい変化するか

　ここでもう一つ、社会生物学のテーマで、生物学的組織構造の進化を理解するうえで基本的かつ重要なテーマに目を向けよう。それは表現型（ある生物が持つ遺伝子の情報によって規定されて表出した形質）の柔軟性（可塑性）、すなわち、表現型が環境の違いによってどの程度変化するかということだ。可塑性の種類と度合いも、やはり遺伝的形質なので進化する。一方では、可塑性を規定する遺伝子が、自然選択の影響で変化して、考えられる多くの形質のうち一つの形質だけが現れるようになる可能性がある。たとえば、特定の人間が受け継ぐ目の色が一つだけであることなどだ。逆に、環境による試練に個別に対応して可塑性が進化し、複数の反応を生じさせる可能性もある。この場合でも、表現型の可塑性が規定するのは、**新鮮なものを食べ、腐ったものは食べない**（クロバエやハゲワシなら別だが）など、持続性のある遺伝的なルールだ。

プログラムされた表現型の可塑性は、ひと言では説明しきれないほど捉えがたいこともある。たとえば、ある種の遺伝子は心理学でいう「準備された学習」を規定するように変化し得る。準備された学習とは、素早く学習し、ある特定の刺激に対して、似たようなほかの刺激に対してよりも強く反応する傾向をさす。なかでも最もよく見受けられるのが「刷り込み」だ。動物の子どもが一度の経験で、身の回りの数多くの外観や香りから一つだけを覚えて、その外観や香りだけにしっかり反応するようになる。孵化(ふか)したばかりのガチョウのヒナは、母親に限らず、何でも最初に目にした動くものを追いかける。生まれてまもないレイヨウ(アンテロープ)は母親のにおいに執着し、母親もわが子のにおいに執着する。アリは蛹(さなぎ)から成虫になって数日で、自分が生まれたコロニーのにおいを覚え、そのにおいに一生忠実であり続ける。蛹のうちに捕まってサムライアリのコロニーで奴隷として育てられた他種のアリは、サムライアリのにおいを刷り込まれて、自分の生まれた母コロニーで育ったかつての同胞を攻撃する。

表現型の可塑性におけるとくに重要な実例は、ポリプテルス・ビキールという肺魚の一種で、水から上がって陸を這うことができる。ビキールなど一部の肺魚は、四億年あまり前の古生代に水から陸に上がって陸生の両生類に進化した祖先と系統が近い例として、しばしば引き合いに出される。言い換えれば、一つの世界から別の世界への進化系統というわけだ。オタワ大学のエミリー・M・スタンデン准教授（生物学）らが二〇一四年に発表した実験によって、このシナリオは信憑性を増した。研究チームは孵化したばかりのビキールを八か月にわたって陸上で飼育したあと、水中で飼育した別のグループと一緒にした。その結果、陸上飼育されたグループのほうが、水中飼育されたグループより歩くスピードが速く、這い方も上手だったのである。頭部をより高くもたげたままで、尾はあまりうねらさなかった。そして身体の構造まで変化し、後部の骨格が発達してヒレの力が強くなり、脚の代わりを果たすほどになった。

ポリプテルス・ビキール。肺魚の一種で、生涯に「脚」(胸ビレ)と行動を変化させて陸上生活にも水中生活にも順応できる。この例は、最初に陸を制したのがヒトの遠い遠い祖先をはじめとする脊椎動物だったことを物語っていると、広く信じられている。

遺伝子の柔軟さも進化する

以上のような現存種の例が物語るように、身体の構造や行動における遺伝子の可塑的な発現によって、環境に適応する際に大きな変化が生じやすくなる可能性があり、実際にこれまでの進化上の大きな遷移においても大規模な変化を生じやすくさせてきた可能性も十分ある。

さらに言えば、たとえばアリやシロアリのカースト（階級）の増加は、進化の過程で、極端な形での表現型の可塑性によって実現した。これに気づいたのはダーウィンで、それを自然選択による進化論を擁護するために利用したと本人が述べている。この偉大な博物学者は、働きアリ（高度な変化を遂げた不妊のメス）のせいであやうく挫折するところだった。『種の起源』によれば、働きアリのケースは「以前は解決できるとはとても思えず、私の学説全体にとって致命的になると思われた難題である」という。「それは昆虫集団における中性個体、すなわち不妊雌の存在である。そのような中性個体は、本能においても形態においても雄や妊性のある雌とは著しく異なっている場合が多く、しかも不妊であるため、自分の子どもを生むことができない」（『種の起源』〔邦訳・光文社古典新訳文庫〕）

ダーウィンはこの難題を解決するために、『種の起源』で遺伝子の柔軟性の進化という概念について初めて説明した。同時に、「集団選択」という考えも紹介している。集団選択において社会的進化の推進力になるのはコロニー全体の遺伝的形質であり、反対にコロニー内の個体は自然選択のターゲットとなる。

この困難は克服しがたいようにも思える。しかし、自然淘汰は個体だけでなく家族にも適用可能だし、そうだとすれば望みの目的が達せられることを考えればこの困難は縮小するし、私としては消滅すると信じている。たとえば、おいしい野菜を調理すればその個体は死ぬが、同じ系統の種をまけばほぼ同じ変種が手に入ることを、園芸家は疑わない。（中略）そういうわけで私は、社会性昆虫でも事情は同じだったと信じている。集団の特定メンバーの不妊性と相関した形態や本能のわずかな変更は、その集団にとって有利だった。その結果として同じ集団の妊性のある雄と雌が繁栄し、同じ変更を保有する不妊メンバーを生む傾向を妊性のある子孫に伝えたのだ。そしてこの過程が繰り返され、最終的には同じ種の妊性のある雌と不妊の雌とのあいだに、多くの社会性昆虫で見られるような大きな差異が生じたのだと私は信じている。(『種の起源』)

この二つのプロセス、すなわち遺伝子の発現における制御された柔軟性の発生、および集団選択は、ダーウィンが自然選択による進化という自らの理論を救おうとしたことによって予兆されていたわけだ。次章では、これらのプロセスが、社会の発生や人類の誕生など、生物の進化における最も大きな前進について、理解するために役立つことを示そう。

2 六段階の進化

私たちの周囲にいる何百万もの種のなかには、生存競争を生き抜いた、進化の産物が含まれている。それらの種を考察することによって、単細胞の細菌などの生物から、言語や共感や協力といった人類の高度な能力につながる進化の主要な六段階を明らかにすることができる。

地球の生物学的歴史は生命の自然発生と共に始まった。二〇億年ほどの歳月をかけて細胞が、続いて器官を備えた生物が生まれ、そして最後に、二〇〇万年から三〇〇万年という比較的短い期間で、それまでに何が起きたのかを自分の力で理解できる種が生まれた。人類は無限に拡張する言語と抽象的に考える能力を授かり、自分たちがどのようにして生まれたかを思い描くことができた。いわゆる「進化の大いなる遷移」は以下のように展開した。

1　生命の発生
2　複雑な（「真核」）細胞の登場
3　有性生殖の登場により、ＤＮＡ交換と種の多様化の管理されたシステムが実現
4　多細胞生物の誕生
5　社会の発生
6　言語の発生

私たちの身体に刻まれた生命進化の六段階

私たちの身体のなかには主要な六段階すべての痕跡がある。それらの痕跡は生命の歴史の各段階で生まれたものをとどめているのだ。まず、微生物の発生の痕跡だ。代表的なものが、私たちの消化管をはじめ全身いたるところにうようよいる細菌の現生種で、その数はヒトのDNAを持つ細胞の一〇倍に達する。次に、遺伝的な意味でヒトを構成する細胞を見てみたい。ヒト細胞の祖先は非常に早い時期に細菌細胞が融合することによって、そしてミトコンドリアやリボソームや核膜といった、現在の細胞の効率的な形成を可能にするための構成要素に変化することで複雑化していった。これらのヒト細胞は細菌のシンプルな「原核」細胞と区別するため「真核」細胞と呼ばれる。次に人体に刻まれた歴史に登場するのは器官である。器官はクラゲや海綿など太古の海の生物によって真核細胞の塊から作られた。そして最後が人間で、言語、本能、社会的経験を複雑に融合して、組織された社会を形成するようにプログラムされている。

かくして私たち人間は現在、立ち、歩き、興奮すれば走る。三八億年の進化系統の末に、でたらめにたどり着き、気まぐれな変異と自然選択をさらに進める以外にこれといった目的もなく、「爬虫類の時代」★1に設計された指針となるシステムに導かれた、直立し、二足歩行する、背骨があって塩水の詰まった袋が人間だ。体内の液体（体重の八〇パーセントを占める）のなかを巡っている化学物質と分子の多くは、原始の海のものとほぼ変わらない。相変わらず私たちの思考と文学は、進化の六段階を含めて、先史と有史のすべてが、人類を地球上に誕生させるのに何かしら役立ったという一般通念に突き動かされている。三八億年前に生命が誕生してからというもの、あらゆるものが私たち人類のために用意された、といわれてきた。アフリカで誕生したホモ・サピエンスが世界の居住可能な地域に広がっていったのには、どこか宿命めいたところがあった。人類は地球という惑星を

★1　恐竜の栄えた中生代。約二億五〇〇〇万年前から六六〇〇万年前

意のままにする不可譲の権利をもって支配するよう運命づけられていたというわけだ。そのような勘違いこそ、まさしく人間のありようではないだろうか。

地球外生命体が見つかれば

そこで、進化の六段階についてもっとじっくり見てみよう。最初の、最もイメージしにくい段階は、生命そのものの発生だ。この出来事は非常に広範かつ精密に想像されてきたが、細かい部分についてはまだ不確実な点が数多く残っている。地球上の最初の生物は、細菌と細菌に似た古細菌だというのが衆目の一致するところだが、原始の海に浮かぶ分子の、ほとんど無限にあるランダムな組み合わせのなかから、細菌と古細菌は自己組織化して複製システムを形成した。この画期的な出来事がどこで起きたのかは不明だが、古細菌の場合は海底火山の熱水噴出孔だったという見方が現在では有力である。海底の裂け目は今も原始時代と同様、化学物質を豊富に含む水を熱して攪拌(かくはん)している。噴き出る泡の広がりの中央部分から外に向かって大きな物理的および化学的勾配(こうばい)が生じ、ランダムな分子操作の天然の実験室になっている。

すべてはどうやって始まったのか。生物学者たちが研究室で化合物を合成して現実の世界に存在するものに匹敵する生物をつくり出せば、どこで、どのように生命が発生したのか、格段に理解できるようになるだろう。

遠く離れた惑星系や地球に近い惑星系など、地球以外の惑星で生命が見つかれば、はるかに多くのことがわかるだろう。最も可能性が高いのは、火星の深さ一キロの帯水層など、私たちの太陽系のどこかだ。実際に掘ってみよう！　ひょっとしたら、さらに有望なのは木星の衛星であるエウロパの、氷に覆われた海かもしれない。エウロパには表面に深い亀裂があって、そこから海にたどり着ける。氷を掘削して海水を調べてみよう。これと同じくらい大規模な技術的快挙が近年達成された。南極大陸の厚い氷床を掘削し、その下にある氷底湖、ボストーク湖の何千万年前もの水に到達したのだ。その結果、驚くほど多種多様な生物が生息していることがわかり、今後の生物学的研究が待たれている。

もう一つの有力候補は、土星の衛星エンケラドスだ。エンケラドスでは高温の泡が絶え間なく噴き出していて、その周囲に液体がたまっている可能性が高い。液体はすぐに蒸発してエンケラドスが土星の周囲に作る環に加わるが、（ひょっとしたら！）その前にわずかな間だけ水たまりができる可能性がある。その中に……。

人工生物の創造も、太陽系以外での地球外生命の発見も、実現すれば非常に衝撃的で、科学的進歩の可能性も広範囲に及ぶ。それぞれ地球における進化の第七、および第八の主要段階と位置付けられるだろう。

生物の「協力」行動はいつ生まれたか

一方、進化における第二の大規模な進展は、細菌レベルの細胞が、はるかに複雑な真核細胞へと変貌を遂げたことだ。人体のさまざまな部分は真核細胞でできている。真核細胞に進化したのはおよそ一五億年前のことで、ミトコンドリア、核膜、リボソームといったオルガネラ（細胞小器官）が、ある細胞が何らかの細胞を取り込むことで主に獲得された。細胞小器官が組み合わさって、個々の細胞内ではるかに効果的な分業が発生したのである。これによって、さらに大きく複雑な器官が進化するお膳立てが整った。

第三の進歩、すなわち性の発生——細胞間でのＤＮＡの制御された定期的なやりとり——は環境への適応をはるかに多様化させた。それに応じて進化も加速することになる。

第四段階は、複数の真核細胞が集まった多細胞生物が生まれたことだ。個々の細胞内の細胞小器官と並行して、しっかり連結し、組織された細胞の集まりでできている生物は、機能を特化した器官の誕生を可能にした。それによって生き物の大きさと形の範囲ははるかに拡大したのである。これまでに確認された最古の化石から、多細胞生物はすべての動物の種の祖先を含めて、遅くとも六億年前には誕生したと考えられる。

第五段階は、同じ種の個々の生物の集団化である。この新たな段階のクライマックスが、「真社会性 eusociality★2」を持つ集団の出現だ。真社会性を持つ集団とは、他の個体に比べて繁殖能力の劣る一部のスペシャリストを有し、高度な協力と分業システムを持つ集団をいう。言い換えれば、真社会性を持つ種は利他主義を実践しているわけだ。

すでにわかっているものでは、真社会性を持つコロニーのなかで最も古いものは、今から一億四〇〇〇万から一億一〇〇〇万年前の白亜紀前期に発生した。最初の種はシロアリで、そのおよそ五〇〇〇万年後にはアリが真社会性を獲得し、その後は両者が——シロアリは枯れた植物を、アリはシロアリなどの小型の獲物をエサにして——昆虫界の生態系で優位に立った。アフリカで誕生した現生人類の祖先については、遅くとも二〇〇万年前には——ホモ・ハビリスが——真社会性を獲得していた可能性が高い。

集団内の個体同士の協力は、さまざまな形態の相互作用によって発生し、進化すると考えられる。そうした相互作用の一つが血縁選択[★3]で、血縁選択においてはある個体の行動が直系子孫以外の近縁者の生存と繁殖に有利に働く。（いとこ同士よりもきょうだい同士など）近い血縁者ほど影響は大きい。たとえ利他的行動をする個体が不利になっても、その個体が共通の血統によって血縁者と共有する遺伝子は有利になる。たとえば、ほとんどの人間が命や財産をなげうってでも救おうとする可能性が高いのは、みいとこ（親のはとこの子ども）ではなく、きょうだいだろう。直感的に見れば血縁選択は集団内の身内びいきを強める気がするが、集団の発生にひと役買う場合もある。

個体同士の協力行動を発生しやすくする可能性がある二つ目の相互作用は、直接互恵性、つまり個体間の取引だ。ワタリガラス、ベルベットモンキー、チンパンジーなど多くの動物は、一匹の個体が新たにエサを発見すると仲間を呼び寄せ、それによって集団を形成しやすい。鳴禽類（めいきん）★4の場合は同じ種や他の種の個体同士が

★2 社会性が高度に分化し、集団内の分業化によってメンバーが利他的行動に及ぶような状態

★3 遺伝子を共有する血縁者のために自己を犠牲にすることで、自らの遺伝子を残し、自然選択による進化を促すこと。なお「血縁選択説」とはこの論理で社会が形成されていると考えるものだが、ウィルソンは血縁選択だけで社会の形成は説明できないとしている（後述）

払う。
「群れ」になって、近くに止まろうとするタカやフクロウを執拗に攻撃して追い払う。

あるいは、血縁関係や個体同士の取引とは関係なく、「間接互恵性」が引き金となって協力が生じる可能性もある。間接互恵性とは、個体が自身の利益を増やすためだけに集団に加わることによって得る強みだ。一羽のムクドリを群れから離せば、群れにいたときとほぼ同じやり方でエサを探すだろう。しかし一羽で十分なエサを見つけるのは集団でエサを見つけるよりはるかに大変で、家族を養っている場合はなおさらそうだ。単独でエサを探しているときには捕食者に襲われるリスクが高くなる。一方、集団なら、少なくとも一羽が豊かなエサ場を知っていれば、そこへまっしぐらに飛んでいける可能性が非常に高くなり、捕食者が近づいてくるのを見つけて仲間に警告できる可能性も高まる。

★4　スズメ目スズメ亜目の鳥の総称。美しい声でさえずるものが多い

捕食者を無力化するために群れる。同じエリアで巣作りをする鳥は侵入してくるタカ(中央)を取り囲み、協力して自分たちの巣とヒナから遠ざける(オクラホマ州にある挿絵作者の自宅裏庭で。侵入者はアシボソハイタカ、群がっているのはアオカケス、シロハラミソサザイ、ムネアカゴジュウカラ)

言語を生み出したヒト

ヒトという種（ホモ・サピエンス）は、地質学スケールでは比較的短い期間で言語を生み出し、第六段階の進化をもたらした。ここで言っているのは真の言語であって、表情や仕草や身振り、うめき声、ため息、しかめっ面、笑顔、笑い声といった、ほとんどの人間に共通するパラ言語[★5]ではない。またオウムやカラスのおしゃべり、鳴禽の心地よいさえずり、あるいは哺乳類の遠吠えやうなり声や甲高い鳴き声なども、いかに多様で調子が変わろうと、ヒトが獲得した言語とはやはり違う。

人間が得意とする音声によるコミュニケーションは動物にも可能だが、動物は本当の意味で話ができるわけではない。真の言語はヒトだけが使うもので、言語は単語とシンボル（文字や記号）によって構成される。単語とシンボルは考案され、任意の意味を割り振られたのち、組み合わされて際限なく多様なメッセージを生み出す（言語が持つ無限の生産性を疑うなら、無限に続く素数の一つを選んで、そこから数という言語で数えてみるといい）。メッセージはさまざまな物語を生む。想像したもの、現実のもの、過去、現在、未来とあらゆる時代のものがある。

発話に読み書きが加わり、人間の思考はどれもグローバルになる可能性が生じた。人間は周囲のすべての生命について、それぞれの種、それぞれの生物ごとに、いかなる問いでも発することができる。言語、科学、哲学的思考の能力のおかげで、私たちはバイオスフィア（生物圏）の管理人にして頭脳となったのだ。私たちは倫理的知性を駆使して、この役割をまっとうすることができるだろうか。

★5　話し方など言語に付随して伝えられる情報

3 進化をめぐるジレンマと謎

進化の各段階で、生物学的組織構造の下位レベルにおいて利他主義は、細胞から生物へ、生物から社会へという具合に、一つ上のレベルに達するのに必要だ。集団のために個体を犠牲にするというジレンマは、一見矛盾しているようだが、じつは自然選択による進化によって説明できる。

進化の六段階は生物学だけでなく、人文学においてもとりわけ重要な問いを提起する。それは、利他主義は自然選択によってどのように生じ得るのか、という問いだ。とくに、それぞれの段階において、生物の個々の寿命を延ばし、集団全体の環境への適応度を下げないということが、どのようにして両立できたのか。いかなる進化プロセスが集団内の個々のメンバーを——ときにはその命をも——犠牲にし、同時に、集団をより幸福にする可能性があるのか。

進化に伴うこうしたジレンマの影響は、生物学と人間の社会的行為の深遠な歴史全体に及んでいる。戦死した兵士の勇猛果敢な奮闘や、僧侶の生涯にわたる清貧と禁欲の誓いをどう説明すればよいのか。自己を否定するほどの猛烈な愛国心と信仰については？

進化の「ドラゴンチャレンジ」

以上のような難題（利他的抑制）は、生物を形づくっている細胞の成長と再生産の過程においても存在する。表皮細胞、赤血球、リンパ球など、一部の細胞は一定の時間で死滅してほかの細胞が生き続けられるようにプログラムされている（アポトーシスという）。予定どおりの時間に予定どおりの場所で死滅しなければ、病気を引き起こしてすべての細胞が危険にさらされかねない。さまざまな種類の細胞のうち、一つだけが利己的に再生産することを選択するとしよう。その細胞は栄養分がたっぷり詰まった大鍋に落っこちた細菌のように、ところ構わず増殖して大量の娘細胞を生み出す。つまり、癌化するのだ。何十兆もの細胞のうち、どれか一つ、あるいは全部が同じ道をたどってもおかしくないはずではないか。世界全体のことを意識しているわけでもないのに、なぜ細胞は細菌と同じように振る舞わないのか。それはもちろん、癌研究の重大で実際的な問題だ。

このまずあり得ないような規則は、進化の「ドラゴンチャレンジ」と言ってもいいだろう。本来のドラゴンチャレンジは、中国の湖南省にある天門山につくられたコースだ。九九か所のヘアピンカーブがある山道を抜けると、四五度の急傾斜の階段が九九九段続いていて、それを登り切ったところにある自然の岩が「天門洞（天国の門）」、神々の国へと通じる禁断の神秘の扉だ。とりわけこの天門山の難所にある、ほぼ垂直と思える階段は、歩いて登ることさえ容易ではない。それでも、オートバイや自動車でも制覇されてきた。進化のドラゴンチャレンジのほうも、少なくとも六回は踏破されている。

抑制と利他主義を生み出すもの

進化のドラゴンチャレンジはいかにして——それも、やがて地球上に現生する動植物を、そして人類を、生み出すような形で踏破されたのか。進化に伴うジレンマへの答えは、以下のとおり、第二のジレンマに至るもののなかに見つかるだろう。自然選択による進化は急速に進む場合がある。たとえば、対立遺伝子と呼ばれる遺伝子のセットについて考えてみよう。対立遺伝子は親から子へ代々伝えられる際に父か母のどちらか一方の形質が現れる関係にある。ある時点で対立遺伝子1が、対立遺伝子2より一〇パーセント有利だが、その時点では対立遺伝子

1の遺伝子頻度はわずか一〇パーセントだったとしよう。それはどうしようもなくわずかな差に思えるだろうが、一〇〇世代足らずで、対立遺伝子1を持つ一握りの個体の数(遺伝子頻度)は、一〇パーセントから九〇パーセントに増える。早い話、自然選択は進化における気まぐれな変化の非常に強力な原動力になる可能性を秘めているが、それが実現するケースはまれだ。

第二のジレンマは、自然選択がそのような可能性を秘めているとすれば、進化の各段階が生じるまでに、たいてい一〇〇万年から一〇億年単位という非常に長い時間を要したのはなぜか、という問題である。

じつは、こうした必然的な利他的抑制は進化のどの段階においても一貫して存在してきた。社会の発生段階では、利己的なアリやシロアリは一匹でコロニー全体を弱体化させて破滅に追いやる。一人の病的な独裁者が国家を破壊する恐れもある。個体と集団との潜在的な闘争は、細胞から帝国まで、生命のすべてのレベルに浸透しているのだ。生命が生み出す葛藤は、社会科学の教科書を埋め尽くし、人文科学を果てしなく豊かにしている。

集団の発生と、人間の利他主義の不可思議さ

抑制と利他主義が科学的に説明しづらいのは、生物学的に進化している個体群が、これらを達成するのが一見非常に難しいと思えるからだ。これらが広まるためには、細胞から社会まで、生物学的組織の個々のレベルで、そのすぐ下のレベルの生物学的組織の単位同士にすでに作用している「普通」の自然選択に対抗する、強力な自然選択が働く必要がある。たとえば進化後の個体群は、その組織の支配者および個体レベルでの成功という、利己的で間違いなく優先されそうに思える目的をねじ伏せるほどでなくてはならない。

進化の各段階での抑制と利他主義に伴う問題は相変わらず議論の陰にかすんだままで、細部まで科学的に説明がついた例はほとんどないが、ようやく全体図が見えてきたと私は考えている。生物の集合体からの社会の発生についての問題は大部分が解決済みだ。理解が進んだのは、実験と実地研究に用いた遺伝学理論のおかげであり、そのほとんどが今世紀に入ってからだった。

解明はまず、問題の大きさと、解明できそうにないこと、実際には解明が不可能に近いことを理解することから始まる。六つの段階はまとまって進化のドラゴンチャレンジとなり、ひどく困難な領域を先導していく。

同様に、各段階への移行は、ほとんど想像がつかないほど数多くの構成要素（化合物からシンプルな生細胞、真核細胞など）を必要とし、長い地質学的時間を費やして、より高度なレベルの個体をつくり出していく。

それぞれの段階への移行はマルチレベルの選択――個体レベルでの選択に加えて集団レベルでも自然選択が起きること――を必要とした。あるいは少なくともマルチレベルの選択によって強化された。その証拠は何だろうか。

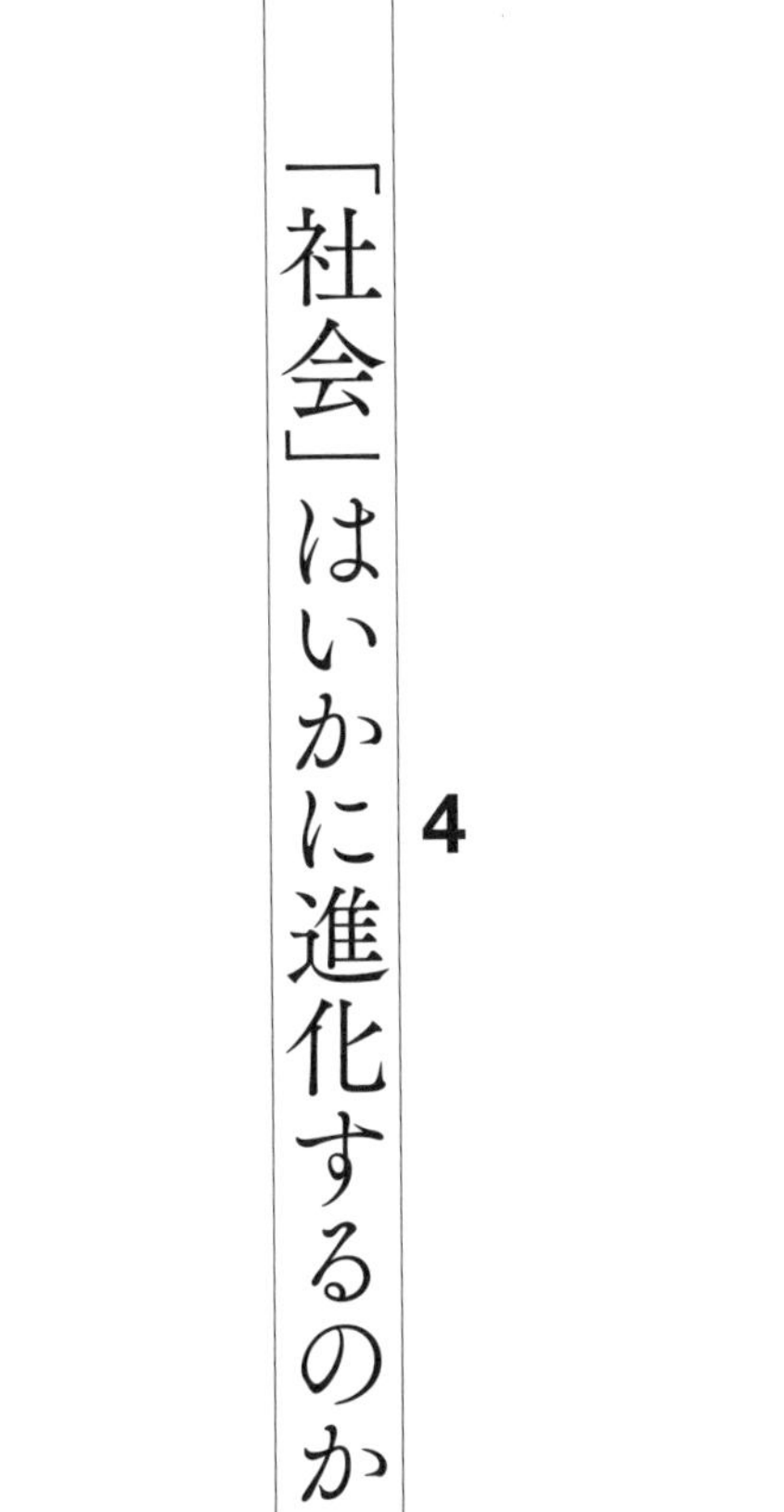

4

「社会」はいかに進化するのか

数多くの種がさまざまな種類とさまざまな度合いの社会的行動を示してくれるおかげで、科学者たちはヒトなどの高度な社会につながった可能性の高い進化の各段階をたどり直すことができる。

社会の誕生とその後の進化を解明するには、ほかの生物学的プロセスおよびシステムの場合と同じで、実際に何が起きたかを突き止めるのが一番だ。この直接的アプローチを可能にするのは、考えられるあらゆるレベルの社会的な複雑さを進化させてきた、何万もの現生種の存在である。

生物はなぜ群れを作るのか

細菌のコロニーから進歩した最も初歩的な組織は、昆虫が繁殖のために作る群れだ。そうした群れは、さっきまでここにいたのに一時間後にはもういない、自然の幻影である。なかでもよく見かけるのがユスリカだ。一匹だけで飛んでいるときにはほとんど見えない。個体のときには意識して目を凝らさなければ見落としがちな、ハエ、寄生バチ、甲虫、アブラムシ、アザミウマなど、ごく小さな空飛ぶ昆虫は、群れて大集団を作る。一匹だけで飛んでいるときはつむじ風に巻き上げられたほこりのように、すぐ目の前を通り過ぎるときしか見えない。同じ種の羽化した成体が繁殖のために空中で何百、何千と集まって群れを作っているときだけ、はっきりそれとわかる。彼らは密着し、全長一メートルから数十メートルの球体に近い群れになって、そこかしこを舞う。群れは宙を漂っているように見える。ためしに手を突っ込んでみれば（かんだりしないから大丈夫）ちりぢりに分かれて渦を巻く。手を引っ込めると、また集まって大きな群れになる。

これと同じように、多くの種類のハエ、繁殖飛行を行ういくつかの種のアリとシロアリの女王アリとオス、それにトビムシからセミやチョウまで、さまざまな昆虫も、性的な熱狂状態のときに群れになる。群れの形状は種によってさまざまだ。むき出しの地面に敷物を広げたような形。倒れた木の幹に沿って集まったものもある。あるいは、螺旋（らせん）を描きながら樹上へ、さらにその先の空まで舞い上がるもの。人間から見て最も壮観なのは、ライチョウやノガンやマイコドリの「レック」だ。レックというのは繁殖期のオスたちの集団ディスプレイで、鳥類のすべての種のなかで最大のものはフウチョウ（ゴクラクチョウ）科の三二種だ。オスたちが、はるか遠いところから渡ってきた鳥も含めて、集団になってコーラスラインのように求愛ダンスを披露し、見ているメスたちの気を引こうと奮闘する。

ことによると、太陽系以外の恒星系で生命の存在する惑星(どこかにそういう惑星が存在すると仮定することは理に適っている)では、繁殖のための群れが野放しのセックス競争以外の何かに進化しているかもしれないが、地球ではそれはあり得ない。私の知るかぎり、ほんの少しばかりの例外は、アメリカのシチメンチョウのレックにおけるオス同士の協力だ。シチメンチョウは二羽のオスが組んで求愛ディスプレイを繰り広げ、恋のライバルたちの戦意を喪失させるのだ。

ムクドリが群れを作るさまざまなメリット

生命が徐々に複雑さを増していく進化プロセスの、少なくとももう一つのきっかけは、持続的な採餌(さいじ)群に見られる。たとえば、ホシムクドリの群れは飛ぶときもエサを食べるときも行動を共にすることが多い。彼らの群れは「マーマレーション」と呼ばれ、その規模は十数羽足らずから一〇〇万羽を超えるものまで、すぐに手に入るエサの量によってさまざまだ。最大のものは巨大な渦となって群舞し、空を暗くする。枝に止まる際は身を寄せ合い、まるで葉が茂っているかのように木々を覆い隠す。エサを食べに集まるときは、何千平方メートルも広がる黒っぽい毛布と化して地面を移動する。ムクドリは背の低い草むらに生息するバッタなどの昆虫しか食べない。どの場所が一番エサが豊富か、ムクドリ同士で情報を共有すれば都合がいい。昆虫がいつも大量にいる場所を知っているリーダーについていくのが、彼らの戦略だ。

そのような協働には普遍的なモジュール性の原理が表れている。モジュール性とは、すべての生物学的システムが何かしら、半ば自立している一方で、協力し合う集団に分かれる傾向のことをいう。異なる集団のメンバーが、一時的にせよ、何らかの機能に特化し、複数集団全体に奉仕して、平均すれば個々のメンバーのメリットになるようにするのだ。

私もニューイングランド郊外で目にしたが、ムクドリたちがねぐらを離れてエサ場に向かうようなモジュール性は、興味深い眺めである。木の高いところにある枝や電話線にひしめいて羽を休めている鳥たちが、しだいにそわそわし始める。一羽か数羽が飛んで、そばにある別の木や電線に移る。これらのリーダーとすぐあとに続く鳥たちは明らかに豊かなエサ場のありかを覚えていて、少しずつ慎重に正しい方向に移動する。まもなく取り巻きが増える。それから突然加速する。ポジティブ・フィードバック[★1]を受けて、大勢で速やかに飛び立つ。飛び立つ鳥が増えるにつれて、あとに続く鳥も増える。数分後には群れ全体が空を舞っている。

エサ場に着いたら、年かさで経験を積んだ鳥の多くが小さな穴を掘って、草の根っこや地中にいる昆虫をほじくり出す。年下で経験の浅い鳥は、その穴を利用しておこぼれにあずかる。じきに別のモジュール性の行動である「ローリング」が現れる。エサを食べている群れの最後尾付近の鳥たちが大挙して飛び立ち、前方に移動するのだ。こうやって群れ全体が前進し、常に新鮮なエサを手に入れる。

ムクドリが群れを作ることが個々の個体にもたらすメリットは、エサの供給が

★1　ある個体の行動が別の個体の同様の行動を次々に引き起こすような一方向的な連鎖

増えることだけではない。大勢で群れていれば、猫やキツネやイタチなどの地上の捕食者や、上空を旋回するタカから身を守ることができる。群れは羽と数千の目を持つアルゴス[★2]と化し、不規則に広がる塊となって目を光らせる。突然、群れの一部が飛び立たず羽ばたいて、仲間に危険を知らせる。数秒で群れ全体が飛び立ち、一斉に空高く舞い上がって、配列を変えて違うところに降り立つ。

大勢で一緒にいるほうが安全なのだ。ムクドリをエサにする哺乳類と鳥は、食物連鎖ではすぐ上の位置にいる。彼らの個体数は、エサとなるムクドリの数が少ない状態でも、それをさらに下回る。さらに、食べられる側の数が多すぎる状態もムクドリを守る。捕食者が消費できるエサの量には厳密な限度があり、捕食者の個体数が同種間の縄張り争いが原因で少なくなればなるほど、彼らが消費できるエサの量はいっそう限られる。

最後にもう一つ、ムクドリの群れが数の力だけで身を守る方法がある。偶然に

★2　ギリシャ神話の巨人で全身に一〇〇の目を持つ

繁殖行動をするユスリカや羽アリ（上）は大勢で一斉に現れて捕食者をかわす。ムクドリの群れ（下）も密集し、タカが群れに突っ込むのは危険を伴うようになる。

せよ、自然選択が働いたにせよ、空中の密集した集団は猛禽類にとって物理的な障壁となる。一羽のタカがムクドリの群れめがけて急降下し、どれか一羽に狙いを定めて襲いかかろうとすれば、誤ってほかの鳥に衝突しかねない。これはシンプルな空気力学の問題で、ハヤブサにとってはとくに危険だ。彼らは時速三二〇キロで急降下しながら体をひねり、かぎ爪を広げて、飛んでいる鳥を引っ掻こうとする。だが、ムクドリというごちそうは安くは手に入らない。

生き物たちの「投資戦略」

下位集団がおのずと形成されるというモジュール性は、協力と分業につながる先駆的な段階である。比較的原始的な生物も、このようにして洗練度を高めてきた。こうした原初的な社会の一つが、一部の細菌に見られる。細菌というのは本来単純な生物だが、特筆すべきは「クオラムセンシング」という手法だ。同じ種の仲間同士が、ときには種を超えて、化学信号をやりとりしてコミュニケーションをとるのである。

細菌が化学信号によるコミュニケーションで読み取れるのは、自分たちの個体群の状態と密度だ。この情報を利用して、個々の細菌は動く速さや繁殖率、さらに病原菌であれば寄生する宿主に対する毒性の強さまでを「決定」している。場合によっては安定した集団をつくり、バイオフィルム★3と呼ばれる防護膜も張る。

このように細菌は、一世代前の科学者にはほとんど思いもよらなかったほどの社会性を備えていることがわかっている。しかし言うまでもなく、こうした微生物は意識を持たない。種類に関係なく、持続的な生物の集団が、微生物の集団以上のものに進化し得るかどうかは、その集団を構成する個体の複雑さ次第だ。ハンドウイルカ（バンドウイルカ）の群れがイワシの群れをエサにしているとしよう。エサとなるイワシもムクドリと同じく集団ならではの強みを享受している。ときには何百万匹もの規模に達する大群で機敏に泳ぎ回るほうが、早く大量のエサに

★3　微生物の分泌物などによって形成される、コロニー全体を覆う膜

ありつける。群れていれば、はるかに数の少ないイルカの群れに対して、一匹一匹が平均すれば身を守りやすくもなる。イワシの群れはそれぞれが巨大な魚のようなもので、敵はその一部をかじるのがせいぜいだ。

一方、食べる側のイルカも、仲間と協力してイワシの大群に対抗する。イワシの群れの周囲を、非常に知的で協調して見える動きで泳ぎ、イワシたちを取り囲んで球形に固まらせる。そうすれば、ちょうどリンゴを丸かじりするように、一匹から数匹を正確に捕食することができる。

イルカや霊長類、それに私たち人間など、社会性を持つ哺乳類は、最も高度に組織された細菌や群れている魚よりも脳が大きく、より洗練された社会で生きている。彼らは先のことを予測でき、そのプロセスがおのずとより高度な秩序につながる。集団内の他のメンバーを個別に認識できるようにもなる。それによって、集団全体や集団内の個体を基準にして自分の行動を計画できるのだ。それぞれの動物が考えられる選択肢を思い浮かべ、個体情報をやりとりして、複数のトレードオフ（一方を得れば他方を失う関係）から成る投資戦略を考える。集団内のメンバーはそれぞれ、協力するか競争するか、主導するか追従するかのタイミングを習得する。

投資戦略は個体レベルでも集団レベルでも一続きに自然選択によって生じるが、それぞれ本能から生まれたゲームのルール（自分にとって何が最良か。何が自分の集団にとって一番で、その結果、自分自身にとって一番か）とみなすことができる。他のメンバーとやりとりする間に、遺伝的要因に基づいて習得する。旧世界ザル★4と類人猿は、最も高度な社会を持ち、その研究も最も進んでいるが、オスには普通、次のようなルールがある。

［旧世界ザル、および類人猿の若いオスが成功するには］

・上位のオスに挑むにはまだ若く、体も小さい場合は、待ち、計画し、同格の

★4　アジア・アフリカに棲む狭鼻猿類（きょうびえん）。中南米に棲む広鼻猿類を新世界ザルという

オスたちと同盟を結ぶこと。

・上位にいる先輩格のオスに気に入られること。

・エサ集めや見張りなど群れのなかで手薄になっている役割があるなら、できれば引き受け、経験から学び、学んだことを生かして同じくらいの年齢や地位の若いオスたちのリーダーになること。

・他のオスたちを支配するか、群れの中心に近いメスたちと交尾するか、あるいは（普通は）隠れて一頭のメスとだけ交尾を試みること。

持続的で高度に組織された動物の集団は、不滅である可能性を秘めている。死んでいくものに代わり、新たに生まれたものや他の集団から仲間入りを許されたものが加わる。ある注目すべき例では、フランス領ギアナの熱帯雨林で、移動しながら昆虫をエサにする鳥の群れの個体数を調べたところ、一七年以上群れが持続していることがわかった。群れは何世代もの鳥たちで構成され、どの世代もねぐらの場所や行動圏、種別の構成も変えずにいた。

にもかかわらず、そのような初歩的な社会が、滅びる運命であることに変わりはない。命を奪いかねない捕食者や、エサにありつけない事態をすべて予測するのは不可能だからだ。過去五億年の間に、膨大な数のそうした社会が現れては消えていったに違いない。そのうち、ごく一握りが、次の、最も高度な社会へと進化を遂げている。これが真社会性であり、真社会性を持つ生物のコロニーは、繁殖に特化した「王室」カーストと、子どもを産まず労働に従事する「ワーカー」カーストに分かれる。進化の過程において、真社会性を持つことは比較的まれな状態かもしれないが、その結果、真社会性を持った生物の個体が有する利他主義と社会の複雑さは、最も高度なレベルに達した。真社会性を持つ種の一部、とくにアリ、シロアリ、ヒトは、陸上での生態系上の優位性を獲得したのである。

5

真社会性へと至る最終段階

真社会性とは、集団を繁殖カーストと不妊カーストに組織化する性質で、発生する割合は進化系統のごくわずか、時期も地質年代的に比較的遅く、場所はほとんどが陸上だ。それでもこれらのわずかな例がアリ、シロアリ、ヒトの誕生につながり、陸生動物の世界で優勢になっている。

真社会性を進化させたのは、一見したところ一番成功しそうに思える種ではない。私の知るかぎりでは、蠕虫（ミミズやゴカイなど）、鳥、魚、イルカ、オオカミや犬、牛や馬、サイ、ムクドリなどの群れや大群が、どんなに持続性があって組織化されていようと、生殖能力のあるカーストと不妊カーストに分かれるコロニーを発生させた例はない。こうした最も高度な社会が発生した手掛かりをつかむには、生物学者たちはほかのことに目を向けなければならなかった。彼らはある種の生物――ほかの生物と比べてより有望に思えるのに、実際にはうまくいかなかった種――とはライフサイクルと社会的行動の様式がまったく異なる種に、真社会性を進化させた祖先たちを見いだしたのだ。

しかも、真社会性は、生態系における劇的な成功をもたらすことが期待されるにもかかわらず、これまで実際に生じた例はまれである。このことからうかがえるのは、真社会性の発生プロセスがたいていい、ある集団（普通は家族）の一部のメンバーが、ごくありふれた親子の間で生じているものを上回るほどの利他的行動を実践したときに始まったということだ。少数にせよ集団内の個体が突然、自分では繁殖行動をしなくなった。その後の最終段階は、多くの研究者が想定していたような、家族の近縁関係の結果生じたものではなかった。じつは逆で、集団内の近縁関係は通常、真社会性の発生を受けて生じたのだ。それはなぜか、私を含めて数人の考えをここで紹介しよう。まず、地球の生命の歴史を通じて昆虫たちが成し遂げてきた華々しい成功の背景からだ。

昆虫たちの進化の歩み

化石を研究する古生物学者たちは、現生種を研究する社会生物学者と共に、真社会性の証拠を求めて四方八方を探してきた。彼らが重点的に調べてきたのが昆虫で、その種の数は一〇〇万を超える。そのうち真社会性を持つことがわかっているのは約二万種で、主にアリ、社会性ハナバチ、社会性狩りバチ、シロアリだ。だが甲虫、アザミウマ、アブラムシにも真社会性を持つ種がいる。列挙すればずいぶん多いように思えるかもしれないが、割合としてはすでに知られている一〇〇万種の二パーセントにすぎない。

一九七〇年代には、真社会性の発生はまれなだけでなく、昆虫やそのほかの動物の長い進化の歴史において、比較的最近の出来事であることがわかっていた。

真社会性の発生が比較的まれで地質年代的に新しいのは、現在の昆虫界全体を築き上げた進化上の大革新のなかで最後に起きたからかもしれない。最初の大革新は昆虫そのものの誕生だった。多種多様な昆虫が登場し、そのまま陸生動物として定着した。原始的な昆虫を見たければ、(できたら昆虫学者と一緒に)森や沼地で石ころをいくつかひっくり返して、トビムシやカマアシムシやセイヨウシミやシミを探すといい。すべてがその祖先と同じように、飛ばない(翅のない)昆虫だ。

昆虫全体による二つ目の革新は「羽ばたき飛行」で、これによって昆虫は空を制した最初の生物となった。その後、背中で翅を折り畳めるようになって、一部の種は翅を広げて飛ぶだけでなく、捕食者に襲われたときにとっさに走って物陰に身を隠すことが可能になった。ゴキブリが脳裏をよぎったとしたら正解だ。ゴキブリも昆虫のなかでいち早くこの能力を手に入れた。

次の革新は完全変態だ。幼虫と成虫とでは体の構造も生態も大きく異なる。たとえば、毛虫やイモムシは植物の葉を食べ、成長するとチョウになって今度は花の蜜を吸う。同じ個体が変態することによって食料源を、さらには生息場所を一つに限定されずに済むようになる。一例を挙げれば、トンボは幼虫のときは水生で水のなかを泳ぎ回り、成体になると翅が生えて空を飛ぶ。

真社会性を持った昆虫の登場

進化上の大革新の最後に、真社会性のコロニーが登場したのは、昆虫などの節足動物が誕生してから三億二五〇〇万年間、大規模な多様化を繰り返した末のことだった。すでにわかっているかぎりでは、それまでアリやシロアリといった類は地球の一部にさえ登場しなかった。

昆虫の化石で最古のものは、今から四億一五〇〇万年前のデボン紀前期までさかのぼる。それから（地質年代では）まもなく、陸地は分類学でいう昆虫目だらけになった。今から二億五二〇〇万年前、古生代が終わった頃には、昆虫全体が驚くほど現在の昆虫に似てきた。現存する二八の昆虫目のうち、一四目が当時すでに存在していた。古生代（「石炭の森」★1と両生類の時代）が終わり、中生代（爬虫類の時代）が始まったとき、生き残ったもののなかには現在よく見かける多くの種類の昆虫が含まれていた。チャタテムシ、ヘビトンボなどの脈翅類（みゃくしるい）、カワゲラ、甲虫。それにツノゼミやカメムシといった半翅類（はんしるい）などだ。これら祖先たちは解剖学的には現在の子孫と似ているが、生息している世界は現在とはがらりと違っていた。もしもあなたが時をさかのぼって古生代後期の石炭沼を訪れることができたなら、ヒカゲノカズラの仲間がダイオウヤシや巨大なトクサや木生シダのような巨木だなんて変だと思うだろう。グロテスクで腹を空かせた短足の迷歯類（めいしるい）（古生代から中生代に生息した両生類）がよたよたと向かってきたら、きっとぎょっと

★1　枯れたあとに長い歳月をかけて石炭化する巨木の森。古生代の石炭紀を中心に栄えた

するだろう（少なくともそれが当然だ）が、頭のまわりをブンブン飛び回ったり、脚を這い上がってきたりする昆虫たちにはほっとするだろう。

　四億一五〇〇万年前に昆虫が登場してから二億五二〇〇万年前までの古生代を通じて、その進化の歴史に真社会性生物が存在した証拠は、豊かな化石記録のなかからは発見されていない。もちろん、そうした認識が今後の研究によって変わる可能性はある――化石記録は常に完全には程遠いのだ。真社会性のコロニーに生息する種は、個体数がわずかだったり生息地が限られていたりして、化石がまだ発掘されずにいるのかもしれない。あるいは、現在の真社会性を持つキクイムシや虫こぶをつくるアザミウマのように、隠れたニッチ（生態的地位）で進化してきた可能性もある。それでも、真社会性の特徴である、解剖学的な特徴を持つ労働カーストの痕跡は、どんな種類のものも、古生代の豊かな化石堆積層のどこにも見つかっていない。

　これは、否定的なものとはいえ注目すべき証拠だ。なぜなら、それは高度な社会的進化についての一般的な理解に関連があるからだ。この証拠は、真社会性の発生がなぜまれなのか、そして地質年代的にもなぜ遅かったのかという、重要な問いを投げかける。

現在の昆虫界で真社会性が多様性に乏しい状況は、真社会性が進化史上まれであることを示す、さらなる証拠だ。すべての動物のうちわずか十数の独立した系統から、現存する真社会性コロニーが生まれたことがわかっている。そのうち三つはテッポウエビの仲間で、熱帯の浅い海に生息している（かつ海洋生物のなかで唯一、真社会性を持つ）。テッポウエビの女王とワーカーは、生きた海綿に穴を掘って巣をつくる。あるいはスズメバチの仲間でも、独立した二系統が真社会性を発生させた。そのよく知られている例がホーネット、イエロージャケット、アシナガバチといった種類のハチだ。さらに二つ、真社会性を持つ系統がキクイムシという、分類学的にはキクイムシ科（*Scolytidae*）の昆虫で見つかっている（より厳密には、キクイムシ科は現在はゾウムシ科〔*Curculionidae*〕の亜科に分類される）。キクイムシ科はさまざまな種の大きな集まりで、最もよく知られているのは針葉樹林を食い荒らすごく一部の種だ。またさらに二つ、真社会性を持つ種はアフリカのハダカデバネズミで、地中深くの穴に生息する、目が見えず、体毛のない草食動物だ。

この別個に発生した高度な社会形態を持つ系統は、あと七つある。アリ、シロアリ、ジガバチの仲間、アロダピニ属のハナバチ、コハナバチ、アザミウマ、アブラムシだ（ちなみに中生代に生息していたゴキブリの種の一つは学名が *Sociala perlucida* で、真社会性の種のカーストと解釈されているものの、まだ立証には程遠い）。

最後に、人間の真社会性について、妥当と思える論証をすることが可能だ。何より強力な証拠になるのは、祖母がヘルパーの役目を果たすという、更年期以後の「カースト」だ。しかも祖母たちは、社会には有益だが自身の繁殖には役立たない職業や役割に就くことをいとわない。また、同性愛が非常に多くの社会にとって類まれな価値を持つことを考えれば、同性愛者を真社会性のカーストの一つとみるのは、理不尽ではなく、このうえなく理に適っている。さらなる証拠は、世界各地の組織宗教に修道院的な秩序が浸透していることだ。さらにもう一つ忘れてはいけないのが、初期のプレーンズ・インディアンのなかで正式に確立され尊重されているバーダッチというシステムで、これは男が女の服を着て女の役割

真社会性を獲得したことがわかっている系統の、いくつかを描いたもの。ハダカデバネズミ（中央）を取り囲んでいるのは（上から時計回りに）社会性のスズメバチ、ミツバチ、シロアリ（ワーカーたちが大きな女王の世話をしている）、アリ、マルハナバチ。

をするものだ。同性愛を好む傾向には遺伝的な部分もあり、その傾向は血縁者やより大きな集団に有利に働き、その結果同性愛にかかわる遺伝子が生き残る可能性が高くなりそうだ。証拠は間接的だが強力である。ヒト全体での同性愛的傾向の遺伝子頻度は変異のみから想定されるレベルを上回っており、自然選択がこの傾向に有利に働いていることを示している。言い換えれば、性行動を左右する遺伝子のランダムな変化だけでは説明のつかないレベルに達しているのだ。

なぜ真社会性を持つ種の登場は遅れたのか

今後、真社会性の進化系統がさらに発見されるのはほぼ確実だろう。とくにその可能性が高いのは、昆虫など節足動物の無数の現存種だ。それでも、その数は、すべての動物の進化系統とそのすべての種の、ごく一握りにすぎないのではないかと思う。念のため繰り返すが、アリ、シロアリ、社会性のハナバチおよび狩りバチの既知種をすべてひっくるめても、数、バイオマス[★2]、生態系への影響で優位を獲得したものは、昆虫のすでに知られている一〇〇〇万種のごく一部でしかないというのが、抗えない事実である。真社会性を持つ種の例がさらに出てくることはまれであるばかりか、小さい領域に特化したニッチに追いやられることが予想される。

真社会性を考えるうえで肝心なのは、昆虫が地球を制覇していた時期だ。現存する真社会性昆虫の系統が発生した時期は、中生代と新生代にちらばっている。最初はシロアリで、三畳紀中期からジュラ紀中期（二億三七〇〇万年前から一億七四〇〇万年前）にかけてゴキブリに似た祖先から進化したと推定される。真社会性のハナバチ、とくにマルハナバチ（マルハナバチ族[3]）、ミツバチ（ミツバチ族）、ハリナシバチ（ハリナシバチ族）は、八七〇〇万年前の白亜紀後期にかけて、さまざまな時期に誕生したようだ。コハナバチの場合、真社会性はおよそ三五〇〇万年前

★2 生物量、現存量。生物体の総量で、一般には重量で表す
★3 属の上、亜科の下に位置する生物の分類階級

の古第三紀中期に発生した。アリは約一億四〇〇〇万年前の白亜紀にたった一つの有剣（刺し針を持つ）ハチ類の祖先から現れたらしい。

古第三紀まで、あるいはおそらくよりさかのぼって白亜紀最後期までには、現在認識されている二一のアリの亜科のほとんど、あるいはすべても分化していた。

なぜ真社会性の登場はこれほど遅れたのだろうか。そして、総じて生態学的に非常に成功することがわかっているのに、なぜ極めてまれなままなのか。真社会性獲得の候補となる進化系統と環境上のチャンスは、はるか昔に多細胞生物が初めて陸に進出したときから、陸地にも淡水や浅い海にも数多く存在した。少なくとも何万種、おそらくは何十万種もの昆虫が、古生代後期から中生代初めにかけて存在し、多様化していた。彼らはその間、さまざまな環境的ニッチを占めていた。たとえばペンシルベニアの木生シダのプサロニウスは、少なくとも七つの昆虫群のエサとなっていた。昆虫群の食性はそれぞれ違い、外側の葉を食べる、汁を吸う、幹に穴を開ける、虫こぶを作る、胞子を食べる、根元の腐葉土や泥炭をエサにするなどさまざまだ。この時期以降、多様なライフサイクルと分散メカニズムが生まれ、持続されてきた。同時に、古生代に起源を持つ現存の系統と同じように、おそらく個体群にはクローンから血縁関係のないものまで、さまざまな近縁度がみられただろう。

現在の社会集団で古代に由来するものは、まだ真社会性には及ばないが、昆虫目の大部分において、さまざまなパターンと複雑さで発生する。子どもは集められて母親が、ときには父親も世話をする。子どもが親のあとを追いかけて移動するケースもいくつかある。種によって、子どもが巣で守られている場合もあれば、丸見え状態という場合もある。とくに長期間にわたって親が子どもを世話し保護する例は、ツノゼミ、キンカメムシ、コオイムシ、虫こぶをつくって巣にするアブラムシ、グンバイムシ、カマキリ、ハサミムシ、ミフシハバチなどにみられる。幼虫か成虫、もしくはその両方が密集し、組織立って移動できるものもあるのは、ミズスマシ、チャタテムシ、シロアリモドキ、ヤガやカレハガ、ラバーグラスホッパー、ゴキブリ、ハバチやヒラタハバチなど多岐にわたる。

これら数多くの亜社会性昆虫や他の動物の種から、現存する真社会性の種の独立系統がごく少数発生した。高度な社会の発生は、家族など結びつきの強い集団内の近縁度とは明らかに相関がない。それとは大きく異なるものが発生のカギとなった。これらの系統はすべて、わかっているかぎりでは例外なく、まず、卵から成体になるまで巣のなかでエサを与えたり目を光らせたり、あるいはその両方を行って、同時に絶えず敵から守ることによって、比較的まれな前適応[★4]を実現したのだ。

アリやハチの高度な社会性の秘密

真社会性の発生パターンの全容が明らかになり始めたのは半世紀以上前、カンザス大学のチャールズ・D・ミッチェナーとハーバード大学のハワード・E・エヴァンズによる狩りバチに関する先駆的な研究によってだった。二人は共に私の良き師で、アリについての私の初期の研究に大きな影響を与えた。彼らの研究が出発点となって、以後現在まで多くの専門家によって研究が続けられてきた一連の流れは、次のようなものだ。まず初めに、多くの種の成体が巣を作り、巣穴に花粉や麻痺させた獲物を貯蔵して産卵し、巣にふたをして巣を離れる。それより少数の種が第二段階を開始し、成体が巣を作って産卵したあと、定期的にエサを与えたり巣の掃除をしたり、その両方を行ったりして、子どもが大きくなるまで世話をする。最後に第三段階として、さらに少数の、現在は原始的な真社会性を持つ種に分類される種で、母親が主要な繁殖個体として産卵を続け、子どもたちは繁殖を行わないワーカーとしてエサ集めと労働に従事する。

アリの高度な社会と真社会性を持つ狩りバチを生んだ流れは、八九ページの挿絵にもあるように、次のようなものではないかと専門家は推測している。約二億年前から一億五〇〇〇万年前のジュラ紀に、有剣ハチ類の祖先が地中や落ち葉の中に生息する昆虫をエサにしていた。彼らがアリガタバチ、アリバチ、ベッコウ

★4　生物の器官や行動などであらかじめ生じた変化が、結果としてその後の環境の変化に適応するようになる現象

バチ、アナバチ、コツチバチといった、夏に散歩途中でよく見かける狩りバチの現存種に似ていれば、多くがクモと甲虫の幼虫だけをエサにしていただろう。交尾後、メスはにおいで獲物の位置を突き止め、攻撃して毒針で刺して麻痺させて、相手の体に卵を産みつけて去り、孵化した幼虫が宿主をエサにする。たとえば現在のアリバチ属のアリガタバチは、ハンミョウの幼虫の巣穴に侵入し、幼虫を針で刺して卵を産みつけ、その場を離れる。

より原始的な狩りバチから派生した少数の有剣類は、麻痺させた獲物を自ら用意していた巣に運び、卵を産みつけ、巣にふたをして去り、別の場所で同じことを繰り返す。とくによく知られているのが、橋の下や住宅の軒に泥で巣を作る各種のドロバチ（アナバチ科）だ。

さらに少数の有剣類の種は産卵後もとどまり、幼虫が成虫になるまで新鮮なエサを運び続ける。幼虫が成虫になると、子どもたちと母親は別々に去っていく。

最後に、アリや真社会性の狩りバチの祖先を含めて、親が随時エサを与える非常に少数のグループでは、母親と子どもたちが別れることなく真社会性のコロニ

狩りバチの真社会性につながった社会的行動の進化。(上から時計回りに)第一段階の一例で、アリガタバチのメスはハンミョウの幼虫を針で刺して麻痺させて卵を産みつけ、孵化した幼虫のエサにする。第二段階では、アナバチがクロゴケグモを刺して動けなくしたうえで食料として巣に持ち帰る。スズメバチは次々と獲物を麻痺させて持ち帰り、幼虫のエサにする。最後は母親と娘たちが女王とワーカーとして真社会性のコロニーに棲む。

ーを形成する。

　こうして着実に数が減っていく進化系統と種の流れは、最初のグループのメンバーの密接な遺伝的近縁性というのではなく、ライフサイクルにおける並はずれた適応を示している。多くの場合、遺伝的近縁性が真社会性の発生の有力な前提条件だと推測されている。だがじつは（私が力説してきたように）高い近縁度が真社会性を生むのではなく、真社会性の結果として近縁度が高まるのだ。孤立性から真社会性に移行するには、親が最初は子どもの世話をし、子どもが成体になると子別れするという性質を決定する一つ、またはそれ以上の対立遺伝子を、変異によって無効にするだけでいい。

　もう一つ、この真社会性への移行をめぐる説に有利な前適応を裏づける実験がある。単独性のハチ同士を無理やり一緒にすると、真社会性のハチと同じように行動する傾向があることが報告されているのだ。強制的に一緒にされたハチたちは、エサ集めや枯れ木のトンネル掘りや巣の見張りなどの役割を担い、さまざまな形で分業するようになる。さらに、メスはリーダーシップをとり、一匹の指揮に全員が従う。これは真社会性のハナバチに見られる行動だ。この初歩的な分業は、あらかじめ決められた基本的な行動の結果らしい。単独性の個体が最初の仕事を終えると別の仕事に移るというのは、わが子を育てる素直な方法だ。真社会性の種では、このアルゴリズムが、ほかのワーカーがすでに担っている仕事を避ける方向に変わる。明らかに、随時エサを与えるハナバチや狩りバチには、(単独性のグループとそうでないグループとの競争による)集団選択がそうした変化を支持すれば、真社会性に一気に移行する「バネ仕掛け」が組み込まれている(引き金となる特殊な刺激によって前もって強力に傾向づけられている)のだ。

究極の超個体の誕生

高度な社会的行動がどのように、なぜ生じるかということの論理は、一般に科学理論をつくる方法として典型的なものである。成功する理論というのは、相互に独立した検証済みの事実にジグソーパズルのようにぴたりとはまる。ここでは、単独性のハチ同士に集団生活を強制する実験の結果は、既存の昆虫社会におけるこの現象の出現について発生生物学者が提示した、一定の閾値を超えると分業が発生するというモデルと一致する。このケースでは変化が――遺伝的な要因によるものもあれば、学習の結果である場合もあるが――さまざまな仕事と関連する反応の閾値に応じて発生すると仮定されている。それによれば、二つ以上の個体が相互作用する場合、閾値の最も低い個体が最初に仕事に取りかかるという。その結果、パートナーも――本能的に――空いている仕事に取りかかり、不要な仕事をしなくなる。したがって、やはり、たった一つの柔軟な遺伝子が変化するだけで、集団のメンバーが生まれついた巣から離れてちりぢりになるのを防ぎ、前適応した種が閾値を超えて高度な本能的社会秩序に移行するには十分だと思える。

実地、および研究室での比較研究の結果、進化の過程で生物の真社会性が発生した瞬間から、ワーカーたちは自身の利益とコロニーの利益の綱引きをしている。組織化のあり方を規定する対立遺伝子の成功にとってコロニーレベルの組織性が重要になるにつれて、個々のワーカーの生存と繁殖の重要性は減少していく。しまいには義務的な真社会性において、ワーカーの個体ゲノムが許容する枠内での繁殖は停止し、究極の超個体が誕生する。昆虫界における極度の超個体では、メスのワーカーは繁殖能力がまったくない。こうした超個体は、たとえばアリの多くの種に見られる。グンタイアリ、ハキリアリ、そして主要な五つのグループ、トフシアリ属、オオズアリ属、ヒメアリ属、シワアリ属、アルゼンチンアリ属など。これらの種では、ワーカーには卵巣がない。一方、種から分岐したいくつかのグループでは、二次的な進化によって、ワーカーの繁殖能力が復活、もしくは少なくとも拡張されて、個々のワーカーが女王の役割を果たすことができる。極度の超個体の段階では、女王のゲノムレベルで選択が働くようになり、ワーカーはより厳密に女王の表現型を拡張したロボットとみなされる。

6

利他主義と分業を生み出すもの

集団選択とは社会的形質を規定する対立遺伝子（同じ遺伝子座にあって異なる遺伝情報を持つ遺伝子）の自然選択である。自然選択が好むのは、集団の最初の形成をはじめ、集団内の個体の相互作用をもたらすような形質だ。こうして、同じ種の集団が張り合い、メンバーの遺伝子が試されて、自然選択による社会的進化を増減させる。このプロセスについては博物学と実験的研究の両方によって豊富な証拠文献が提示されてきた。

生物の高度な社会がどのように進化したのかを解明するべく、生物学者たちは五億年にわたる生物の陸での進化を詳しく調べてきた。その結果わかったことから、私は私たちヒトという種について理解を深めようとしてきたのだ。しかし、遺伝学上最大級のミステリーがそれを阻んできた。

そのミステリーは二つの部分に分かれる。一つ目は、本書で前章までに取り上げてきたもので、少なくとも一般的には、チャールズ・ダーウィンの『種の起源』（一八五九年）と『人間の進化と性淘汰』（一八七一年）によって認識され、大部分が解決されている。つまり、社会に奉仕する多数の個体が繁殖をやめたとき、いかにして高度な社会が進化し得るか。なじみのある表現をすれば、利他主義はいかにして生じたのか、ということだ。ダーウィンが提示した答えを洗練したものが、現在の「集団選択説」である。

集団選択説によれば、集団内の一部のメンバーが自身の寿命や繁殖の成功、あるいはその両方を犠牲にすれば、集団が競合するほかの集団より優位に立てる場合、寿命を縮めたり、自身の繁殖の成功度を減らしたり、あるいはその両方を行う可能性があるという。すると、変異と選択によって利他主義の遺伝子が集団内に広がる。メンバー間の近縁度の高さは利他主義の拡大のペースを速めるものの、その原動力にはならない。たいていは利他主義が広がった結果、近縁度が高まるのであって、その逆ではないのだ。集団遺伝学の各種モデルは、ある集団内で利他主義の遺伝子を持つ個体の数が平均的であれば、それだけで、メンバー同士が近縁かどうかに関係なく、その集団全体の個体数が増加することを示している。

何が真社会性への進化を阻むのか

このことを認識すれば、二つ目の謎にぶつかる。利他主義に基づく分業を特徴とする真社会性は、進化上なぜごくまれにしか発生しないのか、という謎だ。その答えは真社会性が発生する前提条件のどこかにあるはずだ。その条件とは、母親か小集団が、防備を固めた巣で連続的に子育てをすることである。この要件は実際に自然界では非常に一般的だが、当てはまるケースの大部分は真社会性を生み出していない。したがって、より問題なのは、何が最終段階を妨げているのかだ。それが何かを突き止めれば、真社会性のミステリーの第二章を解決することができる。

この最終段階には生物学的に固有の困難さがあり、その解明こそがミステリーを解く鍵を握っているに違いない。母親（ひょっとしたら、彼女を手伝う父親も）と、おとなになりたての子どもたちの小さなコロニーを考えてみよう。通常のライフサイクルはこの時点で終わる。母親とメスの子どもたちが別れてちりぢりになり、新しいサイクルが始まる。母親は死ぬか、ひょっとすると新たに子育てを始め、一方、子どもたちはそれぞれ繁殖相手を見つけて巣作りをして、今度は自分が母親になる。

ここで、私たちの仮説的なシナリオを紹介したい。一つの遺伝子に一つの変化というような、小さなノックアウト変異が起き（ノックアウト変異とは、ほかの変異を無効にするもので、わりとよく見られるうえ、遺伝子研究において広く用いられてきた）、この小さな家族の分散をやめさせたとしよう。成熟したメスたちを実験的に集めたままにしておけば、真っ先に成熟して受精を済ませたメス、つまり母親が、その集団を支配して産卵に専念し、残りのメスたちはワーカーの役割を担うようになるはずだ。

このように、要塞のような巣を築いて随時子どもの世話をするという初歩的な適応が行われれば、それが原則としては、真社会性に一段階近づく基本となる。だが、この進歩は簡単そうに見えるのに、自然界ではめったに発生しない。なぜか？　考えられるのは次のような解釈だ。一つの遺伝子か少数の遺伝子の組み合わせにある変異が起きれば、真社会性のコロニーの可能性を開くが、もともとゲノムの残りはすべて単独生活に適応したままである。娘世代は本能的に新たなワーカーとなって巣にとどまるかもしれないが、それ以外の面では単独性の生物として生きるようプログラムされている。仲間とのコミュニケーション、巣作りでの分業、子育て、エサ集めなどをする準備はできていない。変化していない集団はこうした障壁のせいで、単独性の仲間とも、それ以外の、進化によって真社会性を獲得した種のコロニーにも太刀打ちできない。

今では真社会性の進化の基礎となる根本的な遺伝子の変化に関する文献が豊富にある。二〇一五年、イリノイ大学のカレン・M・カプヘイムとジーン・M・ロビンソン率いる五二人の国際研究チームは、進化の段階ごとに多数の独立した系統を代表する一〇種のハナバチのゲノムについて報告した。社会性に関連するゲノム配列は、単独生活を示す種のものから、複雑な真社会性を示す種のものまである。各系統は独自の進化経路を持つことがわかったが、社会性を実現したものはすべて同じ基本的な変化のパターンを示していた。緩和された自然選択の結果、社会的な複雑さが増し、多様性と転移因子[1]が同時に減少して、中立進化[2]が明らかに増加していたのである。全体として、この専門的な問題をできるだけシンプルに表現するなら、高度な社会組織が生まれるということは必然的に、社会的行動を左右する遺伝子ネットワークの複雑さが増すということだ。高度な社会的行動

★1 ゲノム内で、他の場所に転移する可能性のあるDNA配列

★2 適応度の変化に関係せず、自然選択に対し有利でも不利でもない遺伝子変化

は、遺伝情報の基本的な変化を伴うのである。

女王とワーカーはどのようにして分かれるのか

一九五〇年代、イギリスの昆虫学者マイケル・V・ブライアンと私はそれぞれ別個に、アリの労働カーストと繁殖カーストを生み出し、その結果、真社会性を生み出す、幼虫の複雑な成育メカニズムを提示した。ブライアンは、ヨーロッパの種であるシワクシケアリというアリの個々の幼虫が、成熟して大きな体と翅と十分発達した卵巣を持つ女王になる可能性と、小柄で翅がなく不妊のワーカーになる可能性を、どちらも秘めているのに気づいた。大きさの閾値――幼虫が完全に成長し、成虫の女王か成虫のワーカーに変わる「決定点」――が存在するのだ。ブライアンは、成長中のシワクシケアリの幼虫が女王になるかワーカーになるかは、いくつかの要因の組み合わせ次第だと突き止めた。すなわち、幼虫が孵化した卵の大きさ、成長途中の一定時点での大きさ、コロニーに女王アリがいるかどうか、女王アリの年齢、そして最後に、若い幼虫が春の急成長の前に冬を越して寒さにさらされたかどうかである。これらの要因がすべて揃えば、春の暖かい時期にコロニーから未交尾の女王たちが結婚飛行に飛び立つ。女王たちはそれぞれオスと交尾し、自分の新しいコロニーを作り始める可能性がある。

それからかなりあとの二〇〇二年、モントリオールのマギル大学のエーハブ・アブヘイフらの研究チームが、ゲノムの基本的なレベルを研究していて、たいてい翅のある女王を生むアリの能力は、メスが持つ遺伝子のエピジェネティックな変化[★3]に依存することを発見した。成虫段階への成長に影響する遺伝子ネットワークは翅のある女王カーストには保存されているが、翅のないワーカーのカーストでは途絶えている。要するに、ワーカーは潜在的な遺伝的特性を失うのだ。

これで多くの情報のつじつまが合った。一九五三年には、私はワーカーのサブカーストを一つ以上持つアリ四九種をすべて評価し終えていた。サブカーストと

★3 遺伝子の塩基配列の変化を伴わない、遺伝子発現のあり方の変化

は、ワーカーが小ワーカーと大ワーカーに分かれていることで、後者はソルジャー（兵隊アリ）とも呼ばれる。これらの種の多くには中間者（中間ワーカー）がいて、いくつかは特大ワーカーと呼ばれる第三の、さらに大型のカーストを持っている。高度な社会組織の発生段階で新たに加わったサブカーストは、幼虫の成育において一つか二つの「決定点」が追加されるだけでなく、コロニーのさまざまな成長段階において、近縁者を規制することも必要とした。これはヒトで言えば、職種の違いに基づく分業と各職種の訓練を受ける人の数の、文化的な規制に匹敵する。

かくして、アリの帝国と人間の帝国が出現した。

利他主義がもたらすもの

必要な変異を獲得し、単独性ゲノムの壁を克服する唯一の方法は集団選択であり、集団選択は遺伝子に基づく利他主義、分業、集団内の仲間同士の協力を生み出す力を持つ。より高度な自然選択の作用は、アリと社会性昆虫全般で、コロニーの創設中だけでなく成熟したコロニー同士の競争においても、直接観察されており、それについてはすでに十分な文献的蓄積がある。直接の物理的介入によって対立が生じ、負けたコロニーが退却したり完全に破壊されたりする（新語を造るとすれば、「myrmicide（アリの大量虐殺）」だ）可能性はある。しかしコロニー間の競争は、コロニー同士の戦闘と捕食のみではない。新たなエサ場の先取り、第三者であるライバルの排除や殺害、それに巣の材料と食料の収集力をめぐるものも含まれる。理論的・実験的研究が明らかにするとおり、こうした遺伝性のコロニーレベルの試みはすべて、主にコロニーの成長ペースと成熟したコロニーの規模によって決まる。どちらも遺伝によって決められた集団レベルの表現型だ。ほかがすべて同じなら、参加しているワーカーの数だけが、コロニーの代謝成長率に大きく影響する。つまりワーカーが多いほどコロニーは速く成長し、より多くの女王とオスを生み出し、成熟したときの規模も大きくなるわけだ。この関係は、集団の代謝スケーリング則[4]と個体の生理を反映している。数理モデルを見るかぎりでは、昆虫のコロニーの競争的成長における最も重要な個体群統計学的要因は、コロニーをつくった女王がもともと備えている繁殖力である可能性が高い。

この時点で重要なのは、集団選択のプロセスを、集団遺伝学の信頼できる各法則内の定義に照らして見直し、それらを通して社会的進化を正確に説明することだ。ここで強調しておこう。**集団レベルの形質も、個体レベルの形質と同様、選択の単位はその形質を決定する遺伝子だ。遺伝子が生き残るかどうかは自然選択によって決まるが、その対象となるのは遺伝子が規定する形質である。**集団内でエサ、交尾相手、地位をめぐって仲間と争う個体は、個体レベルの自然選択に関与している。ヒエラルキー、リーダーシップ、協力によって、より優れた組織を生み出すように集団の他のメンバーと相互作用する個体は、集団レベルの自然選択に関与している。利他主義の代償と、その結果生じる個体の生存と繁殖に関する損失が大きければ大きいほど、集団全体への恩恵は大きくなるべきだ。進化生物学者のデイヴィッド・スローン・ウィルソン（私と何もつながりはない）が、二つのレベルの選択のルールをうまく説明している。それは集団内では利己的な個体が利他的な個体に勝つが、集団間では利他的な集団が利己主義者の集団に勝つ、というものだ。

オオカミ、ヒアリ――集団選択によるさまざまな進化の形

集団選択の実際のプロセスは近年、自然条件下でのプロセスの例に関する研究によって解明されてきた。手始めにふさわしいのはイエローストーン国立公園のオオカミたちの例だ。それは生態学と社会生物学について私たちに非常に多くのことを教えてきた。ミネソタ大学のキアラ・キャシディと同僚らの最近の研究で、集団同士で縄張り争いが起きた場合、大きい群れ（研究当時で平均九・四頭）が小さい群れ（平均五・八頭）に勝利した。さらに、おとなのオスの比率が高い群れのほうが比率の低い群れに勝つ可能性が高かった。そして最後に、六歳以上のオス

★4 個体、集団、生態系などのレベルで、代謝速度（代謝率）とサイズの関係を記述する経験則

やメス（イエローストーンのオオカミの平均寿命は四歳）がいれば、その群れはいっそう有利になった。

集団選択がこのうえなく多様な場で進化するのを確認するため、次は無脊椎動物に目を向けてみよう。ひときわ目を引く例は、昆虫学者ウォルター・R・チンケルが名著『ヒアリ（*The Fire Ants*）』（二〇〇六年）で詳しく考証した、外来種のヒアリの女王の協力と敵対に見られる。ヒアリは結婚飛行と空中での交尾に続いて、しばしば単独の女王たちが一〇匹以上集まって一緒に小さな巣を作り、協力して最初の子どもたちを育てる。この珍しい行動は明らかに集団選択が原動力になっている。熾烈な生存競争の世界を生き延びて、娘世代の女王を生み出せるだけの個体数のコロニーの母親になる女王は、一〇〇〇分の一に満たない。さまざまな実地調査によれば、各コロニーが生き延びるにはその規模が極めて重要で、非常に若いコロニーの場合はとくにそうだ。実験では、女王一匹当たりが育てるワーカーの数は、集団で協力する女王たちのほうが、単独性の女王たちよりも多く、増加率も高かった。

ヒアリのワーカーは成熟すると、女王たちを一匹、また一匹と攻撃し、息絶えるまで針で刺して、最後の一匹になるまで抹殺していく。自分の母親であっても容赦しない。勝ち残った一匹（そのフェロモンで識別できる）は最も多産で、その結果、コロニー全体を最も急速に大きくすることができる。ワーカーはたとえ自分の母親が死なざるを得ないとしても、敗者を支持してそのツケを払うわけにはいかない。このケースでは、間違いなく集団選択が個体選択に勝るのだ。

アリの「仲間殺し」の理由

アリは世界全体で一万五〇〇〇種を超える多様性を持つので、異なる種を比較して社会的進化の要因を突き止めるのに理想的な生物だ。アリの研究で核心となる問題は、煎じ詰めれば三つになる。一、誰が、あるいは何がコロニーのワーカーの数を決めるのか。二、それがどのように達成されるのか。三、自然選択のどんな力が働くのか、だ。

迅速なDNAマッピングのおかげで、コロニー全体を使う実験によってアリの社会性の要因を分析しやすくなった。集団選択がアリの社会的進化の元締めだという捉え方に拍車を掛けたのだ。アリのワーカーは「ポリシング」と呼ばれる行動で、女王と張り合って産卵する仲間を攻撃し、ときには処刑しさえする。以前はポリシングは通常、ワーカー同士の近縁度に基づく包括適応度理論で説明されていた。原則として最も激しく攻撃されるのは、女王の座を奪いかねない個体のうち、罰する側の個体と一番遠縁の個体だというのが大方の見解だった。しかし、同じ効果をコロニー全体のにおいが近いかどうかで説明することも可能だ。セラフィノ・テセオ、ダニエル・クロナウアーらロックフェラー大学の研究チームが二〇一四年に発表した研究論文によれば、ポリシング行動はコロニーの労働効率の向上で説明できるという。熱帯に生息するクビレハリアリはクローン繁殖を行うため、ワーカーは遺伝学的にまったく同じだが、それでもポリシングを行うことをテセオらは突き止めた。

ポリシングという現象を解き明かすカギは、次のとおり、生物学の別の領域にある。コロニーの繁殖と子育てのサイクルでは、成長と個体機能の調節が幼虫によってコントロールされる。サイクルの途中、こうした未成熟な個体が発する化学物質を合図に、成虫の卵巣は機能を停止する。合図に反応せずにサイクルを混乱させた個体は攻撃され、ときには処刑される。研究チームは一連の独創的な実験を実施し、クビレハリアリの女王がいないコロニーを二種類つくった。一つは典型的なクローンのみのコロニー、もう一つは遺伝学的に異なる（両親から生まれる）二つのコロニーを研究室で合わせたキメラのコロニーだ。実験の結果、単為生殖したクローンのコロニーがキメラのコロニーに勝った。それは明らかに、キメラのコロニーでは労働ではなく、繁殖することを選ぶ個体が多く生まれたからだった。繁殖行動が通常の繁殖サイクルを覆し、コロニーレベルで労働効率が低下したのである。

同じころ、琉球大学の土畑（どはた）重人と辻和希が行った別の研究では、やはりクローン繁殖するアミメアリを使って同様の結果に達した。アミメアリには女王が不在なので、すべてのワーカーが産卵し、子育てをする。未成熟の個体はみんな遺伝学的に同じで、単一の平等主義のコミュニティーとして育てられる。それぞれの未成熟個体が母親になる可能性を持ち、かつ、すべての母親たちの完全なコピーなのだ。野外ではコロニーに、ほかのコロニーの遺伝学的に異なるワーカーが入り込む。これらのよそ者は入り込んだコロニーの本来のメンバーを欺いて、より多くの卵を産み、働かない。一方、研究室では、こうした詐欺師全体では個体当たりの産卵数は多かった。だが、詐欺師ばかりの集団を一緒にすると、まったく産卵できなかった。

この奇妙な現象をどう解釈すればいいのか。アミメアリでは近縁度が重要になる。クローンのコロニーの働く母親たちは、ほかのコロニーのメンバーをよそ者と認識する。裏切り者は別のコロニーの巣に侵入すると社会的寄生者として行動して、もう一方の種を侵略し、働かせて食いものにする。鳥でそれに匹敵するのはカッコウで、別種の鳥の巣にこっそり卵を産む。

二〇〇一年、アリゾナ大学のパトリック・アボットらは、真社会性を持つアブラムシで同様の現象が見られることをいち早く報告した。研究対象となった種は高度に組織化されたコロニーを形成し、ソルジャーカーストまで生み出す。これらの種はクローン繁殖でもあり、近縁関係による社会秩序の影響は受けない。そのうち少なくとも一つの種であるペンピグス・オベシニュンパエ（*Pemphigus obesinymphae*）については、必ずしも常に純粋なコロニーを形成するとは限らず、得てしてほかのクローン集団からの侵略に悩まされる。侵入者は寄生者として振る舞い、自ら危険を冒して宿主のコロニーを守ることはしない。代わりに、自分の生理を利己的に変えて繁殖可能にする。

ソフトな独裁主義

博物学と遺伝学を組み合わせた社会生物学の研究の歴史のなかで、社会性を持つ生物種のライフサイクルにおける、そのような予想外の新たなパターンが明らかになることが、近年ますます増えている。とりわけ顕著で示唆に富むのが、社会性狩りバチでの繁殖行列で、インドのバンガロールにあるインド理科大学院のラガヴェンドラ・ガダッカーらによって解明された。アジアのナンヨウチビアシナガバチのコロニーは表面的には単純な社会組織だが、実際は高度な協力のルールによって誘導されていた。ナンヨウチビアシナガバチのコロニーのワーカーたちは生理的には繁殖可能だが、全員が女王に従う。この場合の女王は最も攻撃的な個体ではなく、支配のヒエラルキーのトップでもない。それでも産卵については完全に女王の独占状態だ。ナンヨウチビアシナガバチの社会はソフトな独裁主義といえる。女王を巣から排除すると、ワーカーの一匹が一時的に仲間に対して非常に攻撃的になる。そのワーカーの力の誇示と脅威に盾突くものは皆無に近い。新しい女王は地位を確立したら元どおりにおとなしくなる。卵巣が発達し、産卵を始めるのだ。以後、彼女が巣で唯一の繁殖母体になる。彼女が死ぬか研究者によって排除されれば、すぐに、いつでも女王の役割を担える状態の別のワーカーが支配者となる。その後継者がいなくなれば、また別の後継者が現れるといった具合で、順繰りに続いていく。コロニーは多かれ少なかれ平和裏に、(人間からすれば)不可解な後継者に代々受け継がれていく。

世代交代のたびに生まれる新たな女王は、ほかのワーカーとの近縁度が最も高いわけではないことがわかっている。むしろたいてい最年長だ。どうやら一連の流れは平和主義のフェロモンの仕業らしい。つまり、女王の交代は明らかにコロニーレベルの適応なのである。暴力的・破壊的な衝突はほぼ一掃されている。同時に内部が無政府状態に陥るリスクも、ほかのコロニーからの侵略者に女王の座を奪われるリスクも減らす。ナンヨウチビアシナガバチのコロニーはこうして理屈のうえでは不滅になる。実際には——環境の変化からすれば——ほぼ決まって短命だとしても、だ。

もう一つ、非常に異なるタイプで、集団レベルで平和的に作用していると思われる選択が、原始的な真社会性の狩りバチの別の系統で報告されている。ある研究では、自然界で観察される該当の一九種すべてにおいて、単独性のメスは巣のなかでもエサ集めに出ている間もリスクが高いことがわかった。別々のサンプルで観察された女王たちの三八パーセントから一〇〇パーセントが、最初の子孫の誕生を待たずに失墜した。別の研究では、狩りバチの少なくとも二つの種

(*Liostenogaster fralineata* と *Eustenogaster fraterna*)において、コロニーの創設者である女王たちが姿を消した場合、孤児となったヘルパーたちが血縁関係の有無に関係なく、残された子どもたちを育て上げることが多くのコロニーで確認された。同時にヘルパーたちは産卵し、自分の子孫もつくり始める。彼女たちはこうして、真社会性を不朽のものにすることで、協力者全員にとって「保険」のような形で有利になるように働くシステムをつくり出すのである。

クモの変わったカースト社会

動物の社会の探査が進むにつれて、社会生物学者はいっそう多様な進化の道筋に遭遇してきた。なかには意外すぎて奇想天外に近いものもある。こうした逸脱の少なくともいくつかはクモにおいて生じている。真社会性とその先例の研究者たちは、いつの日か真社会性を持つクモの例を見つけたいと思っている。大型の巣を共有する社会性を持つクモは、少なくとも別個に発生した二系統でよく知られているが、いずれの場合も繁殖カーストとワーカーカーストを生み出してはいない。

それでも、クモの巣の主たちは明らかに集団選択によって持続してきた「個性」の違いを示している。この現象はアシブトヒメグモ属の中で起きている。アシブトヒメグモ属は世界中に分布しており、地域ごとの多様性に富む。クロゴケグモなど不規則な形の網を張るヒメグモ科の仲間だ。悪名高いクロゴケグモ同様、多くが胴体に派手な色の模様を持つ。だが注目すべきはなんといっても、コロニーを形成するいくつかの種だ。協力し合う飢えたメスたちが何千匹も集まって共有の巣にぶら下がり、クモ恐怖症の人間にとっては悪夢をつくり出す。ピッツバーグ大学のジョナサン・N・プルイットらは、アメリカに生息するアネロシムス・ストゥディオスス（*Anelosimus studiosus*）という種のコロニーで、メスが二つの主要な「個性」カーストを構成していることを発見した。うち一つは攻撃的で、獲物の捕獲、巣作り、コロニーの防衛に参加する。もう一つは比較的おとなしく、大きな球状の卵塊を守るなど子育てに関与する。攻撃的なタイプのほうはエサの確保と侵略者撃退が得意なのに対し、従順なタイプはたくさんの子どもの世話に向いている。こうした個性の差は、少なくとも部分的には遺伝に基づいているようだが、二つのタイプはわりに仲良く共存している。

アネロシムス・ストゥディオススのコロニーが研究に有利なのは、自然界の任意の場所から採取して各カーストの比率を変え、実験的にコロニーをつくり、環境の異なる別の場所に置いて、人工コロニーの適応ぶりを調べられる点だ。プルイットらはそうやって集団選択が発生するかどうかを試した。結果は肯定的だった。新しい場所でも、各コロニーは二世代で、攻撃タイプと従順タイプの比率が元の場所の比率に変わったのである。

成長するコミュニティー

最後に、真社会性への閾値を集団選択によって突破し、完全な真社会性に移行する例をほぼ直接見ることができるのは、シロアリとその直接の祖先と思われる

社会性クモ（アシブトヒメグモ）のコロニーが大型の甲虫を捕まえ、エサにする。挿絵は2つのタイプも示している。奥が狩り担当、手前で卵の世話をしているのが育児担当だ。

種だ。

シロアリはゴキブリの子孫だというのが、大方の専門家の一致した見解になっている。進化生物学者はもう少し控えめで、両者は共通の祖先を持つ近縁種だと主張する。だが、この場合の系統発生は非常に短い間隔で連続しているので、シロアリは社会性のゴキブリといっていいと私は思う。

ゴキブリの現存種でシロアリに最も近いのは、大型で木をエサにするキゴキブリ属で、北アメリカ、ロシア、中国西部に分布している。見た目は研究室での実験によく使われるマダガスカルゴキブリ（*Gromphadorhina* 属）や、ハリウッドのホラー映画「ＢＵＧ」に登場する恐ろしい「虫」に似ている。

キゴキブリはゴキブリにしては大きい。彼らはキッチンで出くわすゴキブリのように猛スピードで逃げることによって生き延びるのではなく、受け身で、がっしりしたキチン質の鎧（よろい）が頼りだ。分厚い外骨格に盾のような胴体前部、とげで武装した脚を使ってのし歩く。枯れ木や枝の朽ちかけた部分に恒久的な棲処（すみか）をつくって定住し、そこを守る。ノースカロライナ州立大学のクリスティーン・ナレパは二〇一五年、キゴキブリとシロアリの生活様式と社会行動に類似性があることを示す、解剖学的、および遺伝学的な証拠を集めた。キゴキブリも現存種のシロアリと同様、自身の腸内にいる特殊な細菌などの微生物と依存し合うと、ナレパは指摘する。これらの共生者は朽ち木のセルロースを消化し、その成分を宿主である昆虫と分け合う。しかも、キゴキブリもシロアリも、糞として排出される消化した木の成分をエサとして与えるなどして、無力な幼虫を育てている。

実際、キゴキブリのコロニーもシロアリの社会と同様に、木を消化する細菌などの共生生物を代々受け継ぐ必要があり、そのことで分かちがたく結びつけられている。キゴキブリの社会は典型的な家族で、子どもは両親に育てられ、大きくなると親になる。シロアリは世界を牛耳る昆虫の一つで、やはり家族を持つが、その家族形態は大きく異なる。子どもたちのほとんどは親にならない。その代わり、ワーカーになって親やきょうだいのワーカーを支える。言い換えれば、成長するコミュニティーを生み出すわけだ。こうして真社会性を生む状況が生まれる。最も複雑なレベルになり得る社会組織で、そこでは個体同士が単一の繁殖単位を形成する必要性によって結びつけられている。真社会性を持つゴキブリ同様、シロアリのコロニーも、主に個体レベルの選択によってつくられるキゴキブリの社会生活の段階から、主に集団選択によって複雑なコミュニティーを生み出す、一つ上のレベルに移行した。

社会を進化させる真の要因は？

その結果、社会生物学界を悩ます大論争が巻き起こった。そもそもの発端は、イギリスの生物学者J・B・S・ホールデーンが一九五〇年代に実施して発表した思考実験だ。

偉大な科学者だったホールデーンは、のちに血縁選択と呼ばれるようになる考えについて仮説を立てる際、その概念を次のような思考実験で例示した。溺れている男を見かけたとしよう。彼を助けようとするが、自分まで溺れる可能性は一〇パーセント。あなたの社会的反応を決定する遺伝子は事態を完全に掌握しているとしよう。溺れている男が見知らぬ相手なら、あなたが死んであなた自身の遺伝子も全滅する一〇パーセントのリスクを冒す価値はない。仮に無事に助けられたとしても、あなたの遺伝子には何のメリットもない。だが、溺れている男があなたの兄弟で、遺伝子の半分があなたと同じなら、あなたの遺伝子をすべて失う一〇パーセントのリスクを冒してでも助ける価値はあるだろう。つまり、遺伝子の観点からすれば、いちかばちか救助を試みることだけが、自然選択による進化の過程では重要なのだ。

このシナリオをまとめながらホールデーンは、血縁選択が利他的行動を進化させ、その結果、アリやヒトのような、真社会性を有する生物が社会をつくる力を持ち、それが実現するかどうかは利他的に振る舞うものとその恩恵を受けるものの近縁度で決まることに気づいた。近縁であるほど共通の遺伝子が増え、その結果、より多くの遺伝子が次世代に受け継がれる。（眉唾ものだが）ホールデーンは次のように語ったとされている。「八人のいとこのため、あるいは二人の兄弟のためなら、私は自分の命をなげうつだろう」

一九六四年には、イギリスの遺伝学者ウィリアム・D・ハミルトンが、血縁選択が真社会性の発生のカギを握るのではないかと示唆した。血縁選択の公式を提示し、集団内のほかの個体に対するメリット（Bで示される）に近縁度（R）を掛けた数値が自分の損害（C）を上回る場合、通常の個体選択では不利になる形質でも血縁選択では有利になる可能性を示した。この「ハミルトンの法則」（BR－C＞0）は、真の利他主義が進化する段階への閾値を示している。

社会進化の複雑なプロセスを物理学めいた公式で表現した成果は明らかで、（少なくとも最近までは）「ハミルトンの一般法則（HRG）」は巷（ちまた）でまれに見る注目を集め、いまだにしばしば社会生物学や進化論の初級クラスで教えられている。あいにく、時の流れと共にこの理論の致命的な弱点が明らかになってきた。数学者と、数学的な訓練を受けた進化生物学者は、HRGの科学的な正しさや有益さを完全に否定するようになっている。たとえば二〇一三年、マーティン・A・ノーヴァク、アレックス・マカヴォイ、ベンジャミン・アレン、そして私は、『米国科学アカデミー紀要』に発表した研究論文で以下の所見を述べた。

HRGの数学的研究の結果、三つの驚くべき事実が明らかになった。第一に、HRGはメリット（B）およびコスト（C）が事前にわからないため、論理的にはいかなる状態も予測できない。BとCは予測すべきはずのデータに依存している。実験開始時にBおよびCは不明で、ハミルトンの法則が何を予測するかは見当がつかない。実験が完了したとき、HRGは問題の形質が増加していればBR－Cがプラスになり、減少している場合はマイナスになるという形で、BおよびCの値が結果からさかのぼってはじき出される。しかし、これらの「予測」は、それまでに収集されて問題の形質が増加しているか否かに関する情報をすでに含んでいるデータの単なる再構成にすぎない。具体的には、パラメーターBおよびCは形質の平均値の変化によって決まる。

HRGに関する第二の驚くべき事実は、遡及的にしか存在しない予測が、血縁度やその他の、集団の構造のいかなる面にも基づいていない点である。ハミルトンの法則における項の一般的な解釈は、Rが集団の構造を定量化したもので、一方、BおよびCは問題の形質の本質を特徴づけている、というものだ。しかし研究の結果を見れば、この解釈は間違っている。B、R、Cの三項はすべて、集団構造の機能を表すものであり、一方、BR－Cという総和は集団構造とは機能的に独立したものだ。BR－Cの値が算出されたとき、誰が誰と相互作用するかという情報は得られない。

HRGをめぐる第三の事実は、この法則を検証（もしくは反証）できる可能性のある実験は存在しないということだ。入力されたデータはすべて、生物学のデータであろうとなかろうと、形式上はHRGと一致する。この一致は自然選択の結果ではなく、多変量線形回帰における勾配間の関係について示したものである。この勾配間の関係は少なくとも一八九七年以降、統計学で知られている。

同様の理論的無意味化は、さらに有力な理由で、ハミルトンが提示した「包括適応度」と称する抽象的概念にまで及ぶ。ハミルトンの法則は個体と個体の対から始まり、ついにはコロニーのメンバー全員に広がって、その集団全体が全相互作用の合計によってどの程度恩恵を受けるかを決める。一握りの熱心な擁護派もいるが、現実には包括適応度が計測されたためしはなく、仮想シナリオでもそれは不可能である。

私を含めて包括適応度理論とその適用に対する批判派が間違っていることが証明され、いつの日か包括適応度が計測されるか、少なくとも間接的に近似値が得られると仮定してみよう。そうなれば、血縁選択を拡張したハミルトンの説は本当に社会生物学への大きな貢献であることが証明されることになるだろう。だが今のところは、社会がどのようにして生まれたかについて理解を深めるには、昔ながらの（かつ、とびきり興味深い）方法、すなわち実地と研究室での探査によって、データベースから苦労して一般化する方法で行う必要がある。

7 ヒトの社会性の起源

人類はアフリカのサバンナで、アウストラロピテクスの系統から、ほかの真社会性の動物と同じ道筋をたどって生まれた。その社会的進化における主要な原動力は、集団間のしばしば暴力的な競争だった。ホモ・サピエンスのレベルに到達する最後の大きなうねりを可能にしたのは、大きな脳、落雷の多いサバンナで手に入れ制御できるようになった火、そしてメンバーが協力し合う、密集した集団の強みの組み合わせだった。

四億年近く、陸ではおびただしい数の大型動物（重さ約一〇キロ以上）の種が進化し、絶滅、もしくは子孫に取って代わられる憂き目を見てきた。どのくらいの数の種が生まれ、どのくらいの数が姿を消したのか。半可通な推測をお許し願いたい。化石記録が示すとおり、ある種の平均寿命はその娘種の寿命と合わせて一〇〇万年ほどで、もしも、そうした大型動物が控えめに言って一〇〇〇種、同時に生きるとしたら、その場合（ひょっとしたら！）地球の歴史を通じてそんな種が合計五億生きてきたことになる。

そのおびただしい数の種のなかで、ヒトのレベルの知性と社会組織に到達したのはわずか一種のみだ。このたった一つの事象で、地球という惑星のすべてが変わった。以後、ほかに候補は現れず、競争も起きなかった。勝者は旧世界霊長類（旧世界ザルと類人猿）のなかの並はずれて幸運な種だったのである。場所はアフリカの東部および南部。生息地は熱帯のサバンナと草地と半砂漠の広域。時は今から三〇〇万年前から二〇〇万年前のことだ。

なぜ競争が減り、共存しやすくなったのか

人類誕生の先触れとなった重要な出来事は、今から五〇〇万年前から六〇〇万年前に始まった。サルの単一の種が二つの種に分かれ、それから二系統の種が増殖していき、一つは現在のホモ・サピエンスに、もう一つはチンパンジーの現存種二つ、すなわちチンパンジー（*Pan troglodytes*）と、小型でよりヒトに似ているボノボ（*Pan paniscus*）につながっていくことになる。

どちらの進化系統も完全にではないが、主として地上で生活するようになった。ヒトの祖先となる系統のほうが、チンパンジーの祖先となる系統以上にその傾向が見られた。チンパンジーの祖先となる種は後ろ脚だけで、あるいは両手を握って拳を引きずるようにして、四肢をすべて使ってぎこちなく走ることはできただろう。遅くとも四四〇万年前には、ヒトの最古の祖先であるアルディピテクス・ラミダスが、長い両腕と樹上に登って移動する能力を保持したまま、後ろ脚を伸

自分たちと競合しながら、世界を変えていく人間たちの集団が狩りでサバンナを横切るのを、アフリカの霊長類たちがじっと見つめている。

ばした状態で歩行していた。

いってみれば、この地上生活への第一段階で、アルディピテクス・ラミダス、もしくは彼らの近縁種はアウストラロピテクス属を生んだ。後者はアルディピテクスよりも全身の構造が現生人類に近く、二足歩行も上手だった。このブレークスルーに沿って、自然選択によって全身がいっそう直立姿勢に適した構造につくり変えられた。脚は長く真っ直ぐに、細長くなり体を揺らしながら省エネで移動できるようになった。骨盤は浅い鉢状になり内臓を支えた。アルディピテクスの重心はすでに、チンパンジーなどの類人猿のように腹部と背骨の部分にあるのではなく、両脚の上にあった。

体が直立し、ヒトに近い形になったのを受けて、アウストラロピテクス属の数多くの種が生まれた。三五〇〇万年前から二〇〇〇万年前、アウストラロピテクスの種が四つ（A・アファレンシス、A・バーレルガザリ、A・デイレメダ、A・プラティオプス）[★1]、および近縁のケニアントロプスが東アフリカと中央アフリカで共存していた可能性がある。断片的な遺物から言える限りでは、アウストラロピテクス属はどうやら、進化生物学でいう「適応放散[★2]」の産物らしい。歯と顎の頑丈さにばらつきがあるのは、競合する種の間でそれぞれ食べるものの種類が分かれたことの表れだ。総じて、頭蓋骨の大きさのわりに歯と骨が大きく重いほど、より硬い植物を食料にできる。

近縁種を生み出す適応放散は、総じて競争を減らし、近縁種同士が同じ地域で共存しやすくなる。近縁種同士が遭遇した場合、互いに体の構造と行動が分化し、さらに競争が減る。この現象は形質置換と呼ばれ、ヒトの進化において終始重要な役割を果たしてきた可能性がある。

種分化（種形成）のプロセスを理解し、それと併せて部分的な雑種形成、形質置換、適応放散を追跡調査すれば、人類の祖先のほとんどの化石に見られる複雑

★1　A・プラティオプスはケニアントロプス属に分類されるのが通例だが、確定していない

★2　生物が単一の祖先から、さまざまな環境に適応して多様に分化し、多くの異なる系統に分かれていくこと

なバリエーションのいくつかが説明できるようになるだろう。そうした化石のなかにはホモ属の最古の種が含まれる。ホモ・ハビリス、ドマニシ（ジョージア〔旧グルジア〕）で一九九九年から二〇〇一年に化石が発見されたホモ・ゲオルギクス、そして二〇一三年に化石が発見された南アフリカのホモ・ナレディなどだ。これらの調査によって、もう一つの謎、すなわちネアンデルタール人とデニソワ人とホモ・サピエンスの発生と競争における関係も解き明かすことができるかもしれない。

「複合進化」という視点

進化生物学の原則でもう一つ、初期のヒトの進化を理解するのに役立つ可能性があるのは、複合進化だ。原始的な種からより高度な種へ進化する過程の「ミッシングリンク（失われた環）」はモザイク状に——つまり体の構造の一部が残りの部分よりも概して高度に——なりがちだ。なぜかといえば、形質が違えば進化のペースが異なるためだ。この印象的な例は、ニュージャージー州の堆積物のなかで見つかった、最古の中生代のアリの化石から得られる。今から約九〇〇〇万年前のもので、以前の記録より二五〇〇万年古い。これらの中生代の祖先、もしくは祖先に近い種は、狩りバチの祖先の種と、それらから派生した最初のアリとのモザイクだった。とくに、化石の大顎は狩りバチ、胴体と後胸腺はアリに似ており、触角は狩りバチとアリの中間だった。それらの化石を真っ先に調べた私は、スフェコミルマ（*Sphecomyrma*,「狩りバチアリ」の意。和名はアケボノアリ）と命名した。

ヒトの祖先における複合進化についての最良の例となるのは、ホモ・ナレディという、二〇一五年に南アフリカのライジングスター洞窟から見つかった大量の化石によって発見された種だ。ナレディの体の要素、とりわけ手、足、頭蓋骨の一部のパーツは現生人類に近い。しかし脳はオレンジほどの大きさで、容量は四五〇ccから五五〇ccと現生人類よりもチンパンジーに近く、ヒトの祖先であるアウストラロピテクス属の範囲内だった。

人類の真社会性への道筋

人類の進化の先史を通じて最も重要な出来事は、三〇〇万年前から二〇〇万年前のホモ・ハビリスの誕生だった。森は開けつつあり、草地と新たに切り離された乾燥した疎林の組み合わせからなるサバンナが広がっていった。ヒト科の種、つまりアウストラロピテクス属と彼らに交じっていた初期のヒトは、現生チンパンジーによく似た、ほぼ完全に木と低木のC_3型光合成に基づく食生活から、草、スゲ、それに熱帯サバンナと砂漠に特有の多肉植物に多いC_4型光合成からなる食事に移行した。★3

祖先のアウストラロピテクス属のそれぞれの種は、植生だけでなく、生態系のほかの基本特性も異なる主要生息地で暮らしていた。地形がさらに開けるにつれて、大型動物が見えやすく追いかけやすくなり、捕食動物を避けやすくなった。道なき道の移動はよりスムーズに、かつ、より正確になった。

サバンナの環境につきものなのは、人類の出現にさらに重要な、もう一つの特徴だった。それは落雷による火災が頻発したことだ。激しい風のなかで炎が下生えをなめ尽くし、動物たちは焼け死んだ。屍肉（しにく）を食らうサバンナの「掃除屋」たちは、トカゲやネズミよりも大きいものも含めて、動物の肉にありつくことが増えた可能性が高い。食料採集が少し増えるだけでも、大きなメリットがあった。すべてを考慮に入れれば、カロリー摂取量を制限される生物にとって、肉は最良の食べ物だ。果物や野菜に比べて一グラム当たりのエネルギー産生量が多いからである。

現生チンパンジーは群れで縄張りを移動しながら、果物などの植物質のエサを集める。実のなっている木を見つけると互いに声をかける。カロリーのごく一部

★3　光合成は最終段階で炭素固定（CO_2の固定）を行うときの反応様式の違いによっていくつかの型に分類される。C_3植物からC_4植物に進化したとされ、C_4のほうが光合成速度が速い

は、ベルベットモンキー（オナガザル）を協力して狩るオスの群れが手に入れる。ベルベットモンキーの生の肉をより大きな群れのメンバーと分けることもある。

焼けたばかりの大地を、エサを求めて移動しながら、アウストラロピテクス属の一群は、ひょっとしたら競合する種の脅威を感じて、本来の菜食中心の食生活を大きく変えて、肉を漁るようになったのかもしれない。守られた野営地が確立され、そこを拠点に偵察隊と狩猟隊を送り出し、見張りと育児係は残って野営地とそこに集められた子どもたちを守る。そうして肉漁りと捕食の頻度は増加し、得られるカロリーも増えることになる。

私の認識では、多くの人類学者や生物学者と度合いも詳細も共通するが、この時点で急速な脳の大型化に向けた生態学的なお膳立ては整っていた。本質的に、ヒトはほかの少数の哺乳類の種とほぼ同じ道筋で真社会性の段階に進んだのである。たとえばリカオンだ。リカオンは巣をつくって、群れの一部がそこを守り、それ以外の個体はそこから狩猟採集に出かける。狩猟採集係が戻ると、食料は群れ全体に配られる。この適応が比較的高度な社会的知性に基づく協力と分業につながった。

多くの科学者が共有するシナリオは次のようなものだ。約一〇〇万年前、制御された火の使用が実現した。落雷で火のついた枝が別の場所に運ばれ、私たちの祖先に、存在のすべての面で途方もない強みを与えた。火の制御はより多くの動物を追い込んで罠で捕獲することを可能にし、肉の産出量を向上させた。山火事で死んだ動物はたいていすでに調理されてもいた。ヒトの祖先が肉食になったごく初期のころでさえ、肉や腱や骨の加工・消費がしやすくなったことの影響は大きかった。その後の進化において、咀嚼機能と消化機能は調理された肉と野菜を食べるのに、かつ適するように進化したのである。以後、調理は人間の普遍的形質となった。そして調理とともに、ヒトの祖先は食事を分かち合うようになり、社会的絆を持つための強力な手段も手に入れたのだ。

ある場所から別の場所に運ばれるたいまつは常に、肉や果物や武器に匹敵する貴重な資源となってきた。大きな枝や小枝の束は何時間もくすぶり続けることが可能だった。肉と火と調理によって、野営地は数日以上持続し、守って避難所にするのに十分だった。そうした動物学でいう巣は、ヒト以外の動物のすべての種においても、真社会性の実現の先触れである。その証拠として、脳の大きさがホモ・ハビリスと現生のホモ・サピエンスの中間であるホモ・エレクトゥスの時代の野営地と、その装具類が発掘されている。

火の使用は分業につながった。分業はバネ仕掛けだった。つまり、すでに集団内に支配ヒエラルキーへと自己組織化する素因があったのだ。おまけにオスとメス、若者と高齢者との差も存在していた。さらに、それぞれの下位集団内で指導力と野営地にとどまる傾向にもばらつきがあった。こうした要因から、必然的に、ほかのすべての真社会性の動物の種と同様、複雑な分業が生じた。

続いて、複雑な生体器官がかつてない速さで進化した。脳の容量はアウストラロピテクス属レベルの約四〇〇ｃｃからホモ・ハビリス級の五〇〇ｃｃへ、ホモ・サピエンスの直接の祖先でヨーロッパとアジアに分布していたホモ・エレクトゥスでは九〇〇ｃｃ、そして現生人類では一四〇〇ｃｃに増加した。

チンパンジーたちの戦争

進化におけるヒトの社会の誕生に、集団選択は主要な役割を果たしてきたが、それには個体レベルの自然選択も絡んでいた。私たちが自らの起源について知っていること、少なくとも知っていると思っていることを理解するには、しばし、系統発生上の私たちのいとこに当たるチンパンジーとボノボの、より初歩的な組織に戻ってみるのが得策だ。チンパンジーやボノボの本能的な行動は、薄いながらも文化によって覆われている。こうしたアフリカの大型類人猿は最大一五〇頭のコミュニティーで暮らし、一緒になって（たいていは暴力的な方法で）縄張りを守る。各コミュニティーは変わりやすい小さな群れ（バンド）の集まりで、群れごとの個体数は五頭から一〇頭が普通だ。コミュニティー内部でも群れの内部でも、攻撃的な行動はよく見受けられ、群れ同士ではとくに目立つ。個体レベルでは、主に攻撃するのはたいていオスで、自分と自分の群れが地位と優位性を獲得するのが目的だ。

　コミュニティーの若いオスは、しばしば徒党を組んでよその縄張りに侵入し、略奪行為を行う。明らかに相手のコミュニティーのメンバーを殺すか追い出すかして新たな縄張りを手に入れようと狙ってのことだ。自然条件下でのチンパンジーの征服の一部始終は、ミシガン大学の人類学者ジョン・ミタニが、ウガンダのキバレ国立公園の協力を得て実施した研究で目撃された。彼らの戦争――より厳密には一連の侵入と略奪――は一〇年にわたって繰り広げられた。

　その全貌は不気味なほど人間そっくりだった。一〇日から一五日おきに、最大二〇頭のオスが敵の縄張りをくまなくパトロールする。その間、一列縦隊で音もなく移動し、地上から樹上まで目を凝らし、近くで物音がするたびに警戒して足を止める。自分たちより大きい群れに出くわすと、侵入者はちりぢりになって自分たちの縄張りに逃げ帰る。一方、一頭きりのオスに遭遇した場合は相手に群がり、よってたかってかみ殺す。出くわしたのがメスならたいてい見逃す。とはいえ、この寛容さは女性への心遣いの表れなどではない。メスが幼い子どもを連れていたら、その子どもを奪い、殺して食べる。しまいには、キバレ国立公園内のコミュニティー同士の緊張状態があまりに長引いて情け容赦のないものになった末に、先住者が出ていき、侵略者は敵の縄張りを併合して、自分たちの縄張りを二二パーセント拡大した。

社会と暴力

チンパンジー同士の越境攻撃と殺し合いは偶然の結果であり、チンパンジーの生息地の森林を破壊し、病気を持ち込み、チンパンジーを狩って食料にするといったヒトの破壊性を目の当たりにすることで、異常なまでに熾烈なものになった、という仮説が、多くの人類学者の間でまったく理に適ったものとされてきた。一方、ほかの人類学者は、それとは矛盾する、進化生物学に基づく解釈を支持してきた。チンパンジーの略奪行為は遺伝学的適応で、ヒトからの影響とは関係なく進化してきたというものである。

二〇一四年、三〇人の人類学者および生物学者の国際チームが、チンパンジーによる殺し合いで十分な裏付けのある事例をすべて集めた。その結果、攻撃の九〇パーセントがオスによって行われ、三分の二がコミュニティー内の群れではなく、コミュニティーとコミュニティーの間で行われていた。攻撃規模はコミュニティーによって大きくばらつきがあったが、チンパンジーの個体群の周辺におけるヒトの活動の違いとは相関性がなかった。縄張り争いの勝者は、自分のコミュニティーの生存と繁殖の増加を直接観察できた。言い換えれば、チンパンジーの戦争は集団選択を促したのだ。

戦争状態での生死にかかわる暴力は、ヒトの社会では日常茶飯事なので、ヒトという種の適応本能ではないかと思えるほどだ。地球規模に近いだけでなく、死亡率ではチンパンジーの群れ同士の戦いに匹敵する。それを裏付けるデータについては、次ページの別表を参照願いたい。

狩猟採集社会は、その遺跡や現存するごくわずかな例から判断すれば、人類という種がいかにして生まれたかを覗(のぞ)き見る窓になる。人びとは大部分が近縁者で

戦争による成人の死亡率に関する考古学的・民族誌的エビデンス

中央の項目の「現在までの年数」は2008年を基準としたもの。

［サミュエル・ボウルズ、「祖先の狩猟採集民間の戦争はヒトの社会的行動の進化に影響を及ぼしたか」『サイエンス』誌324（5932）：1295（2009）より。ここに再掲した表には一次出典となる資料は含まず］

発掘場所	考古学的エビデンス おおよその時期 （現在までの年数）	戦争による 成人の死亡率
ブリティッシュ・コロンビア州（30か所）	5,500～334	0.23
ヌビア（第117地点）	14,000～12,000	0.46
ヌビア（第117地点の近く）	14,000～12,000	0.03
ワシーリウカIII、ウクライナ	11,000	0.21
ヴォロスケ、ウクライナ	「旧石器時代末期」	0.22
南カリフォルニア（28地点）	5,500～628	0.06
中央カリフォルニア	3,500～500	0.05
スウェーデン（スカーテホルム1）	6,100	0.07
中央カリフォルニア	2,415～1,773	0.08
サライ・ナハール・ライ、インド北部	3,140～2,854	0.30
中央カリフォルニア（2地点）	2,240～238	0.04
ゴベロ、ニジェール	16,000～8,200	0.00
カルムナータ、アルジェリア	8,300～7,300	0.04
テビエック島、フランス	6,600	0.12
ボーエバッケン、デンマーク	6,300～5,800	0.12
人口集団、地域	**民族誌的エビデンス （時期）**	**戦争による 成人の死亡率**
アチェ族、パラグアイ*	接触前（1970）	0.30
ヒウィ族、ベネズエラ－コロンビア*	接触前（1960）	0.17
ムルンギン族、オーストラリア北東部*⁑	1910～1930	0.21
アヨレオ族、ボリビア－パラグアイ⁂	1920～1979	0.15
ティウィ族、オーストラリア北部†	1893～1903	0.10
モードック族、カリフォルニア北部†	「先住民の時代」	0.13
カシグラン・アグタ族、フィリピン*	1936～1950	0.05
アンバラ族、オーストラリア北部*⁑‡	1950～1960	0.04

＊狩猟採集民　⁑海辺で生活　⁂季節に応じて狩猟採集／植物栽培　†定住性の狩猟採集民

‡最近になって定住

ある群れで生活し、群れ同士は血縁と婚姻によって結びつく。群れの集合体であるコミュニティーには忠実だが、殺人や報復攻撃を完全に排除するほどではない。疑いや不安に襲われがちで、ときにはほかの群れに敵意を抱くこともある。生死にかかわる暴力も珍しくない。植民地化以前のオーストラリアの人口が貴重な証拠だ。テルアビブ大学のアザール・ガット教授は次のように指摘している。「唯一、狩猟採集者の大陸だった、先住民時代のオーストラリアでは、集団闘争を含めてヒトの命にかかわる暴力が、あらゆる社会レベル、すべての人口密集地、最もシンプルな社会組織、ありとあらゆる環境に存在したことを、顕著に示している」

生身の戦闘ではヒトの部族抗争はチンパンジーのそれと似ているが、個体レベルではより複雑に組織されている。細部の洗練がとくによくうかがえるのは、人類学者のナポレオン・A・シャグノンらによる、アマゾン盆地北部の先住民ヤノマミの研究だ。集落同士がしばしば衝突し、その結果、四〇人未満の集落は長く続かないという意味では、暴力的な攻撃は縄張り争いといえる。個人の関係がより複雑になると、親族集団の構造がぼやけてくる。別々の集落に暮らす、異なる血統の個人同士が連立を組むことは珍しくない。同じくらいの年齢の男たちで、最も多いのは母系のいとこ同士だ。一緒に他人を殺すと「ウノカイ」という特権的なカーストになり、たいてい同じ集落で暮らすようになる。

ヒトとほかの種を分かつもの

このような個体同士の連帯や同盟関係を見ると、ヒトの社会構造はチンパンジーなど他の類人猿とは一線を画し、際立った違いが見受けられる。しかし、結果として生まれる集団は、ヒトの社会的進化の原動力となる、集団レベルの競争の重要性を損なうものではない。むしろ逆で、ヒトの歴史を通じてそうした同盟が、文化的進化に好都合になるように機能してきたと考えるほうがまったく理に適っている。フランス・モンペリエ大学のマクシム・デレクスらが考案した数理モデルが示すように、集団の規模と文化の複雑さは、遺伝と文化の共進化において相互に強化し合う。集団の規模が大きくなるほど、集団内で技術革新が起きる頻度が増す。公共的な知識が劣化するペースは遅くなり、文化の多様性はより完全な形でより長期間維持される。

古生物学者の間では、ヒトという種の発生――および、その特徴である脳の膨大な記憶容量――は、アフリカの野営地の焚き火の光によって確固たるものとなった、というのが一致した見解になりつつある。きっかけとなったのは、本章でも取り上げたように肉の調理で、最初は落雷による野火で焼け死んだ動物を狩猟者が持ち帰り、その後、たいまつを持ち運ぶようになった。調理された肉は高カロリーで消化もよく、集団で移動する際に携帯しやすかった。その結果、群れは結束し、会話と分業が有利になった。集団全体に有益な協力的・利他的な振る舞いが、精神面の進化のなかで達成された。社会的知性が貴重なものとなったのだ。

夜の炉端で進化した知性

サン人のストーリーテリング(口承物語)

ホモ・ハビリス級の個体群から始まる初期のヒトの炉端談義については、推測の域を出ない。それでもその大まかな内容は、現存する狩猟採集生活者の集団内の会話から察しがつく。この証拠の重要性を思えば、彼らの会話の慎重な分析が遅々として進んでいないのは意外なことだ。その一つは、アフリカ南部の先住民サン人の一集団ジュホアンの会話で、人類学者ポリー・W・ウィースナーが記録している。食料採集の話が中心の「日中の会話」と、物語が中心の「夜間の会話」の顕著な違いが浮き彫りになったのだ。夜の物語は、存命の個人に関するものもあれば、聴く者を夢中にさせるものもあり、すぐに歌や踊りや宗教的な会話に変わった。夜は会話のかなりの部分、およそ四〇パーセントを物語が占め、残り四〇パーセントは神話だった。一方、昼間は物語についての話はごくわずかで、神話はまったく話題に上らなかった。

日暮れ時には一族揃って炉端に集まり夕食をとった。食事が終わって辺りが暗くなると、昼間の厳しい空気が緩み、誰もがご機嫌で火を囲み、話し、音楽を奏で、踊った。大勢が集まる晩もあれば、少人数の晩もあった。話題はころころと変わり、みんな経済的な不安や人付き合いの愚痴はひとまず忘れた。この時間に長い会話の八一パーセントが行われた……。

男も女も物語をし、とくに高齢者はじつに巧みだった。野営地のリーダーは優れた語り手である場合が多かったが、物語の名手は彼らだけではなかった。一九七〇年代の最高の語り手のうち二人は目が見えなかったが、ユーモアにあふれ言葉を巧みに操った。物語は語り手にも聴き手にもいいことずくめだった。語ることに徹した側は物語が伝わるにつれて皆に認められ、聴き手は楽しみながら直接の代償抜きで他人の経験を集めることができた。物語は野営地以外の人々を記憶し知るのに非常に重要なので、性格や感情を伝える言葉を操るのに強い社会的選択が働いてきた可能性が高い。

最古のヒトの種が誕生してから、脳が巨大化するにつれて、社会的交流に費やされる時間も増加した。この上昇傾向はオックスフォード大学のロビン・I・

M・ダンバーが推測している。ダンバーは現存するサルと類人猿の二種類の相関関係を用いた。一つは集団の規模と毛づくろいの時間の関係、二つ目は類人猿の集団規模と脳の容量との関係である。この手法をアウストラロピテクス属と彼らから生まれたホモ属の系統の種に広げれば、一日当たりの「社交に要する時間」は約一時間から、ホモ属の最古の種で二時間、現生人類では四時間から五時間に増えた可能性を示唆している。要するに、社会的交流の時間が増えることが、脳がより大きく、知性がより高度に進化するカギだったのである。

謝辞

本書をまとめるに当たり、貢献してくれた多くの人々に感謝をささげる。なかでもハーバード大学のキャスリーン・M・ホートンとリバーライト・パブリッシングのロバート・ワイルのアドバイスと支援に、そして真社会性への進化につながる節足動物の亜社会段階についての膨大な文献を（この分野の研究に不可欠な）一冊にまとめ上げた、ジェームズ・T・コスタの功績に感謝する。

日本語版解説――現代人の『創世記』

吉川浩満

本書は、アリ研究の世界的権威で進化生物学界の巨人であるエドワード・O・ウィルソンの三五冊目となる著書である。

原題は *Genesis* といい、聖書の最初の書『創世記』と同名のタイトルである。副題は *The Deep Origin of Societies* といい、こちらはおそらくダーウィンの『種の起源』を意識したもので、直訳すれば「社会の奥深い起源」あたりになるだろうか。

このタイトルには、著者ウィルソンの深い確信が込められている。その確信とは、現代人のために『創世記』が書かれるとすれば、それは社会の起源に関するダーウィン流の（進化生物学的な）事実にもとづいた解明になるはずだ、というものである。そんな大テーマを一般の読書人に向けた易しい言葉で、しかも百数十ページ（原著）の小著で語り切ってしまおうというのだから恐れ入る。齢九〇にして「研究生活が終わりに差し掛かっている」と述べる超人ウィルソンの並々ならぬ意欲を感じさせる著作である。

この解説では、本書を手にとった（私と同じ）非専門家のために、著者の紹介、本書の要点ならびに注意点、そして本書がもちうる意義について簡単に述べてみたい。

著者の紹介

本書の著者エドワード・オズボーン・ウィルソンは、二〇世紀を代表する昆虫学者、生態学者、進化生物学者のひとりである。一九二九年、米国南部のアラバマ州バーミングハムに生まれた。アラバマの大自然のもとで知性と野心を育んだ少年の人生は、釣りの事故で右目の視力が大きく低下したことをきっかけに大きく変わる。科学の分野で世界のリーダーになることを決意した少年ウィルソンが選んだのは、彼が言うところの「立体視」ができなくても研究対象にできると感じたアリであった。そして一一年生（日本でいう高校二年生）時に行ったアラバマのアリ調査から彼の長い研究キャリアが始まった。自伝『ナチュラリスト』のタイトルが語るとおりの人生である。[1]

一九五六年にハーバード大学の講師、一九六四年には教授となり、一九九六年に定年退職するまで同大学の教授をつとめた。膨大な数の論文や著書を発表し、数々の賞を受賞しているが、ひとつひとつ紹介していると別の本が一冊必要になってしまう。その輝かしい業績については、E・O・ウィルソン生物多様性ファウンデーションのウェブサイトを参照されたい。[2]

ウィルソンが生粋のナチュラリストであり、アリ研究の世界的権威であることはすでに述べたとおりだが、彼は単なる自然観察家ではない。そのキャリアを一瞥すれば、彼のもうひとつの関心がわかるはずだ。それは、アリから人間にいたるすべての動物の社会行動を進化理論で説明することを提唱して物議をかもした『社会生物学』[3]をはじめとする、個別分野を超えて新たな理論的な総合を目指す研究である。つまり彼の仕事には、アリに関する分類学や生物地理学といった個別研究という流れだけでなく、一見それと相反するように見える理論的総合という流れも存在するのである。とてもひとりの人間に成し遂げられるとは思われない仕事ぶりである。

本書はどこに位置づけられるかというと、ちょうどその合流地点にあたる著作ということができるだろう。理論的総合によって開拓された研究領域——社会生

1 エドワード・O・ウィルソン『ナチュラリスト』上下、荒木正純訳、法政大学出版局、一九九六
Wilson, Edward O., *Naturalist*, Island Press, 1994

2 E. O. Wiloson Biodiversity Foundation
https://eowilsonfoundation.org/e-o-wilson/

3 エドワード・O・ウィルソン『社会生物学 合本版』伊藤嘉昭ほか訳、新思索社、一九九九
Wilson, Edward O., *Sociobiology: The New Synthesis*, Harvard University Press, 1975

物学的探究――を扱うという点で前者の流れに属するともいえるし、ヒトという生物種の社会性に関する仮説提示という点で後者の個別研究の流れに属するともいえるからである。

合流地点にあたる仕事の最初の大きな成果は、一九七八年に刊行してピューリッツァー賞を受賞した『人間の本性について』[4]であった。そう考えると、この仕事にもすでに四〇年以上の歴史があることになる。その間、ウィルソンは休むことなく自らの考えをブラッシュアップしてきた。本書はその最新バージョンにほかならない。

本書の要点

本書は十分に明快に書かれているので、概要を目次に沿って述べることは屋上屋を架すことになるだろう。ここでは本書の中心的メッセージと私が考えるものに的を絞って述べてみたい。

ウィルソンによれば、人間のありかたに関する問いはすべて、結局のところ次の三つに行き着く。すなわち、「私たちは何者なのか」「何が私たちを創り出したのか」「私たちは最終的に何になりたいのか」である。

人類全体にとってはおそらく最後の問いがもっとも切実であろう。だが、この問いに答えるためには、最初の二つの問いに対する答えが必要である。私たちが何になりたいと望むにせよ、私たち自身がどのような存在であるのか、どのようなプロセスによって生まれたのかがはっきりしなければ、実現のための手立てもはっきりしないままになるからである。

そこで本書の主任務は、最初の二つの問い「私たちは何者なのか」「何が私たちを創り出したのか」に答えることになる。その際にベースとなるのは進化生物学の手法であり、解明の対象はヒトを含むさまざまな動物の社会である。

4　エドワード・O・ウィルソン『人間の本性について』岸由二訳、ちくま学芸文庫、一九九七
Wilson, Edward O., *On Human Nature*, Harvard University Press, 1978

なぜ進化生物学の手法なのか。ヒトもまた生物の一員であり、その精神と身体は生物進化の産物によって構成されているからである。では、なぜ社会なのか。ウィルソンの見るところ、社会性とそれにもとづく利他主義こそがヒトという生物種の成功の鍵にほかならないからであり、さらにはそれが生物進化の歴史における重大なステップでもあるからである。

ウィルソンは、数十億年におよぶ生物進化の歴史を次の六つの段階としてまとめる（「進化の大いなる遷移」）。

1　生命の発生
2　真核細胞の登場
3　有性生殖の登場
4　多細胞生物の誕生
5　社会の発生
6　言語の発生

進化の各段階を見ると、それがひとつ上の段階へと移行することはほとんど不可能に思える。たとえば第一段階にある細菌レベルの細胞が複雑な真核細胞になるためには、それぞれの細胞小器官が細胞全体に資するように効果的に分業しなければならない。つまり利他主義が必要とされる。これは進化の「ドラゴンチャレンジ」と呼べるほど困難なミッションだが、事実として生命の歴史は少なくとも六回の踏破を成功させてきた。

どうしてそんなことが可能だったのか？　ウィルソンの答えは、自然選択はマルチレベルで生じる、つまり個体レベルだけでなく集団レベルでも生じるからだ、というものである。第二段階以降のどの段階においても、集団内の個々のメンバーを犠牲にしながら集団をより幸福にするような集団選択のメカニズムが働いている。このように、生物進化の各段階はマルチレベルの自然選択を必要とした、あるいは少なくともマルチレベルの選択によって強化されたのである。

進化の大いなる遷移のなかでもウィルソンがとりわけ重視するのは、第五段階の社会の発生である。なかでも真社会性をそなえた生物種は、その高度に複雑な社会によって生態系における圧倒的な優位性を獲得した。

真社会性とはなにか？　それは、動物の示す社会性のなかでも高度に分化が進んだもので、集団を繁殖カーストと不妊カーストに組織化する性質を指す。進化系統のごくわずかな割合でしか発生しないが、これらのわずかな例がアリ、シロアリ、ヒトの誕生につながり、陸生動物の世界できわめて優勢な生物種となっている。

ウィルソンが専門とするアリのコロニーでは、繁殖に特化した「王室」カーストと、自らは子どもを産まずもっぱら労働に従事する「ワーカー」カーストに分かれる。よく知られた事実だが、そもそもこうした真社会性動物の生態がよく知られるようになったことにはウィルソンその人の貢献も大きい。この分野はウィルソンの独壇場であり、より詳しくは『蟻の自然誌』[5]、『ハキリアリ――農業を営む奇跡の生物』[6]などをご覧いただきたい。

ウィルソンによれば、ヒトも数少ない真社会性の動物の一種である。その証拠としてウィルソンがあげるのは、人間社会の祖母たちと同性愛者の存在である。多くの社会において祖母たちは更年期以後の「カースト」としてヘルパーの役割を担うことをいとわない。また、同性愛が多くの社会にとって格別の価値をもつことや、ヒトの同性愛傾向が遺伝子のランダムな変化だけでは説明できないレベルに達していることを考えれば、同性愛者を真社会性のカーストのひとつとみなすことも理に適っているとウィルソンは論じる。異論もあるだろうが、これがウィルソンの考えである。

5 バート・ヘルドブラー、エドワード・O・ウィルソン『蟻の自然誌』辻和希、松本忠夫訳、朝日新聞社、一九九七
Hölldobler, Bert, Wilson, Edward O., *The Ants*, Belknap Press, 1990

6 バート・ヘルドブラー、エドワード・O・ウィルソン『ハキリアリ――農業を営む奇跡の生物』梶山あゆみ訳、飛鳥新社、二〇一二
Hölldobler, Bert, Wilson, Edward O., *The Leafcutter Ants: Civilization by Instinct*, W. W. Norton & Company, 2010

このように、ヒトもまた進化のドラゴンチャレンジを通過した先祖の生物種と同じように、利他主義をテコとして個体レベルだけでなく集団レベルの選択の結果として生まれた。そこに六つめのドラゴンチャレンジである言語の発生が加わることで、遺伝と文化の共進化という進化のブースターがもたらされる。現在のヒトがバイオスフィア（生物圏）の頭脳にして管理人という役割を自ら任ずることができるのは、真社会性に加えて言語という武器を獲得したからにほかならない。

以上のウィルソンの論述を、さらに簡潔にまとめると、次のようになるだろうか。本書は進化生物学にもとづく新たな『創世記』である。それによれば、ヒトをつくったのは神ではなく自然選択、なかんずく集団選択による利他主義であった。ヒトは度重なる集団間闘争をつうじてアリのような真社会性を獲得しただけでなく、遺伝子と文化の共進化によってその力をさらに拡大したのだ、と。

本書を読むうえでの注意点

ウィルソンの記述は総じて明快であり、文章そのものがわからないという事態はそれほど生じないと思う。もし知らない言葉が出てきたら辞事典類で調べてみてほしい。たいていの場合それで解決がつくはずだ。

ただ、本書には別の意味で注意すべき点がある。それは、ウィルソンがあたかも当然のようにみなす事柄の一部が、じつのところそうではないということ、控えめに言っても議論の最中であるということだ。学界の事情に通じた専門家ならば、その辺の事情も織り込んだうえで読んでいけるはずだが、事情に通じていない素人は著者の主張を額面どおりに受け取ってしまう可能性がある。

なにもウィルソンが詭弁を弄しているというわけではない。著者が自身の主張を単刀直入に読者に伝えたいという場合には、しばしばそうしたことが生じる。それが高度に専門的な知識であればなおさらだ。その結果、きわめて少数派の見解があたかも常識であるように見えるという可能性があり、注意が必要である。

私が注意を喚起したい点はふたつある。

ひとつはマルチレベル選択の扱いである。先述したとおり、ウィルソンは生物進化における集団選択の重要性を強調しながら、血縁選択・包括適応度理論――個体が自ら残す子孫の数だけではなく、遺伝子を共有する血縁個体の繁殖成功に与える影響をも考慮する自然選択説――を攻撃する。しかし、多くの進化生物学者はこうしたウィルソンの議論に賛成していない。主流はあくまで血縁選択・包括適応度理論である。

もちろん集団選択を認める研究者も存在する。もっとも影響力のある提唱者デイヴィッド・スローン・ウィルソン（本書のウィルソンとは別人）は、きわめて洗練されたマルチレベル選択理論を展開している。ただ、彼によればマルチレベル選択理論は数理的には包括適応度理論と等価である。[7] つまり、本書のウィルソンのように集団選択理論を持ち上げて血縁選択・包括適応度理論を否定する「あれか、これか」の態度は間違いだということになる。このように、現在最先端のマルチレベル選択理論と比べても本書のウィルソンの旗色は悪い。

もうひとつは、ヒトを真社会性の動物とするか否かである。本書ではさらりとそう書かれているのだが、これに賛成する専門家は少ないと思われる。ヒトの集団における祖母や同性愛者を真社会性動物におけるカーストと同等の存在とみなしてよいかどうかについても議論の余地がある。というか、多くの専門家は同意しないのではないかと思う。

もちろん、非主流派だからといってウィルソンが間違っているとは限らない。ただ、本書を手にとる読者はこうした事情をいちおう把握しておくのがよいと思う。ちなみに、私もウィルソンによる集団選択と真社会性の説明については懐疑的であるが、正否を判断するに足る決定的な材料を持ち合わせているわけではない。

7　Sober, Elliott, Wilson, David Sloan, *Unto Others: The Evolution and Psychology of Unselfish Behavior*, Harvard University Press, 1998

本書がもちうる意義

先に述べたような注意点はあるにせよ、本書がきわめて重要な意義をもつ著作であることは明らかである。科学的な人間理解にもとづいた社会構想を目指す者にとって、本書が伝えるメッセージ——現代人のための『創世記』は社会の起源に関するダーウィン流の（進化生物学的な）事実にもとづいた解明になるはずだ——の重要性は動かないであろうからである。

実際この数年で、本書のように有力な科学者が進化の観点から人間社会を論じる一般向けの書物があいついで刊行されている。なかでも本書と併読をおすすめしたいのは、先に名をあげたデイヴィッド・スローン・ウィルソンによる新著『社会はどう進化するのか——進化生物学が拓く新しい世界観[8]』である。両ウィルソンの著作をひもとくことで、集団選択もしくはマルチレベル選択についての理解が深まるだろう。

現下の社会情勢に鑑みても、人間社会において集団という単位をどのように考え、それをどのように御していくのかは、私たちすべてにとって喫緊の重要課題であるといえる。現在さかんに議論されている社会の二極化、排外主義、レイシズム、セクシズムといった諸問題も、ヒトの社会性と集団性という奥深い起源に由来を持つものであるように思われる。それを理解するためには、「私たちは何者なのか」「何が私たちを創り出したのか」の問いにウィルソンが与えた解答がきっと役に立つことだろう。そして第三の問い「私たちは最終的に何になりたいのか」に対して適切な解答を得るためにも、私たちは本書を何度でも吟味しなければならないだろう。

8 デイヴィッド・スローン・ウィルソン『社会はどう進化するのか――進化生物学が拓く新しい世界観』高橋洋訳、亜紀書房、二〇二〇
Wilson, David Sloan, *This View of Life: Completing the Darwinian Revolution*, Pantheon Books, 2019

訳者あとがき

エドワード・O・ウィルソンの最新作 *Genesis : The Deep Origin of Societies* の全訳をお届けします。Genesisとは本来、いわゆる創世物語のこと。すなわち、この世界とそこに暮らす私たち人類も含めた生物がどのようにして生まれたのかを説明する世界各地の神話や伝説のたぐいを意味します。ただし、本書で語られるのは、それとはひと味違う、科学技術の目覚ましい進歩を背景に浮かび上がってきた事実に基づく創世物語。長い進化の過程で利他主義と協力をベースにした高度な社会がどのようにして生まれ、進化してきたのか。そのミステリーを解き明かそうという、なかなか壮大な試みです。

この地球上に生命が誕生し、長い歳月をかけてより複雑な生物へと進化し、やがて社会が、そして言語が発生するまで、進化の歩みを大きく六つの段階に分けて、それぞれのプロセスに遺伝学的・生物学的視点から迫っていきます。生物多様性、利他主義、真社会性（社会性が高度に分化し、集団内の分業化によってメンバーが利他的行動に及ぶような状態）など、ウィルソンの科学的知見と生涯にわたる研究成果（およびアリをはじめとする生きものたちへの深い関心と愛情）がぎゅっと凝縮され、とてもコンパクトにまとまっていながら、内容はかなり盛りだくさんでなかなかディープな一冊です。

小さな昆虫から、小鳥、魚、さらに類人猿やホモ・サピエンスまで、生物は周囲の環境に応じてさまざまな生存戦略を編み出してきました。本書の中でデビー・コター・カスパリによる美しい挿画も交えて紹介される生きものたちのサバイバル作戦は、いずれも個性的で興味深いものばかり。たとえば、アリ。地球上で一番賢い（と自分では思っている）人間たちの足下では、私たちと同じように、しかし全く違うタイプの真社会性を獲得したアリたちが、子どもを産むことに特化した「女王」のカーストと、自分では子どもを作らず、子育てやエサ集めなどのサポート役に徹することでコロニー全体のメリットを増す「ワーカー」のカーストに分かれて、生き残りをかけたゲームを繰り広げているのです。本書には近年目につく利己主義優勢の社会状況への危機感や、人間至上主義ともいうべき私たちの振る舞いに対する批判とともに、次代を担う者たちへのメッセージも込められているように感じます。さて、君たちはどんな未来を選ぶのかね、と。

原書が刊行されたのは二〇一九年三月。それからわずか一年あまりで、新型コロナウイルスのパンデミック（世界的大流行）によって、世界は大きく様変わりしています。ヒトも含めた生物の社会的行動を長年にわたって研究してきた著者の目に、現在の「新たな日常」はどう映っているのでしょう。

脳の大型化と知性の高度化のカギを握るのは社会的交流に費やされる時間の多さだと、著者は指摘します。本書で紹介されているアフリカ先住民族であるサン人のように、一族が夕食後に炉火を囲んで物語に耳を傾ける光景は、かつては世界各地で見られたはずですが、都市化や核家族化が進み、急速に失われつつあります。新型コロナの感染拡大防止のために「三密」を避けなければならない状況は、そのような傾向に拍車をかけるように思える一方、ソーシャルメディアなどを利用した新たな交流やつながりが拡大している感もあります。

未知のウイルスの脅威が、社会的生物であるヒトの社会にどんな影響を及ぼすのか。生命の進化の中で私たちヒトの社会がどのように進化してきたのかという観点から世界を見つめ直す試みは、いっそう深い意味を帯びてくる気がします。私たちはこの大きな岐路に立って、これからどんな未来を選択し、どう進化していくのでしょうか。

余談ながら、寺田寅彦著『椿の花に宇宙を見る』（夏目書房）の序文で、編者の池内了氏は寺田寅彦を「新しい博物学」の先達と評し、科学者による優れた随筆の効用について次のように書かれています。


「日常の身近な現象をじっと観察するなかで、そこに潜む『不思議』を発見し、あれこれの仮説を試行錯誤しながら、絶妙な自然の仕組みを読み解いていく科学という作業の楽しさを教えてくれる。（中略）私たちはつい華やかなビッグサイエンスの成果に眼を奪われ勝ち（ママ）で、道ばたの小石や草花に地球や生命の歴史が刻まれ、砂丘の縞模様や雲の形に物理学の神髄が潜み、昆虫や小鳥の生き様に新しい科学の可能性が秘められていることを忘れてしまう。そんなことを思い出させてくれる科学の随筆は、二一世紀を展望する上にも大いに参考になると思っている」

本書の著者であるウィルソンにも、確かな観察眼と生物や自然への深い関心と愛情、長年の研究生活に裏打ちされた素晴らしい著作が数多くあります。本書がウィルソンの案内する深遠で壮大な科学の世界への扉を開く小さなきっかけになれば幸いです。

最後になりましたが、翻訳出版に際しては、多くの方々のお力添えをいただきました。解説執筆の労をおとりくださいました吉川浩満さん。本書を訳す機会を与えてくださり、訳注なども含めて終始細やかに目を配ってくださった編集者の田中遼さん。校正に際して的確なご指摘とアドバイスをくださった酒井清一さん。

お世話になったすべての方々に、この場をお借りして心より御礼申し上げます。

二〇二〇年六月

小林由香利

参考文献

1　人類のルーツを探る

チャールズ・ダーウィン『種の起源』(邦訳多数)

ジョナサン・ハイト『社会はなぜ左と右にわかれるのか――対立を超えるための道徳心理学』(高橋洋訳、紀伊國屋書店、2014年)

Ruse, M., and J. Travis, eds. 2009. *Evolution : The First Four Billion Years* (Cambridge, MA: Belknap Press of Harvard University Press) Standen, E. M., T. Y. Du, and H. C. E. Larsson. 2014. Developmental plasticity and the origin of tetrapods. *Nature* 513(7516) : 54–58.

West-Eberhard, M. J. 2003. *Developmental Plasticity and Evolution* (New York : Oxford University Press).

E・O・ウィルソン『ヒトはどこまで進化するのか』(小林由香利訳、亜紀書房、2016年)

E・O・ウィルソン『人類はどこから来て、どこへ行くのか』(斉藤隆央訳、化学同人、2013年)

2　六段階の進化

An, J. H., E. Goo, H. Kim, Y-S. Seo, and I. Hwang. 2014. Bacterial quorum sensing and metabolic slowing in a cooperative population. *Proceedings of the National Academy of Sciences, USA* 111(41) : 14912–14917.

Maynard Smith, J., and E. Szathmary. 1995. *The Major Transitions*

of Evolution (New York: W. H. Freeman Spektrum)
Miller, M. B., and B. L. Bassler. 2001. Quorum sensing in bacteria. *Annual Review of Microbiology* 55 : 165-199.
E・O・Wilson 1971. *The Insect Societies* (Cambridge, MA: Belknap Press of Harvard University Press).

3　進化をめぐるジレンマと謎

クリストファー・ボーム『モラルの起源――道徳、良心、利他行動はどのように進化したのか』（斉藤隆央訳、白揚社、2014年）
Graziano, M. S. N. 2013. *Consciousness and the Social Brain* (New York: Oxford University Press).
ハイト『社会はなぜ左と右にわかれるのか』
H. Peng, J. Kurths, Y. Yang, and H. J. Schellnhuber. 2014. Chaos-order transition in foraging behavior of ants. *Proceedings of the National Academy of Sciences, USA* 111(23) : 8392–8397.
Pruitt, J. N. 2013. A real-time eco-evolutionary dead-end strategy is mediated by the traits of lineage progenitors and interactions with colony invaders. *Ecology Letters* 16 : 879–886.
Ruse, M., ed. 2009. *Philosophy After Darwin* (Princeton, NJ : Princeton University Press).
E・O・ウィルソン『ヒトはどこまで進化するのか』
Wright, C. M., C. T. Holbrook, and J. N. Pruitt. 2014. Animal personality aligns task specialization and task proficiency in a spider society. *Proceedings of the National Academy of Sciences, USA* 111(26) : 9533–9537.

4 「社会」はいかに進化するのか

チャールズ・ダーウィン『種の起源』

Dunlap, A. S., and D. W. Stephens. 2014. Experimental evolution of prepared learning. *Proceedings of the National Academy of Sciences, USA* 11(32) : 11750–11755.

Hendrickson, H., and P. B. Rainey. 2012. How the unicorn got its horn. *Nature* 489(7417): 504–505.

Hutchinson, J. 2014. Dynasty of the plastic fish. *Nature* 513(7516) : 37–38.

J・メイナード・スミス、E・サトマーリ『進化する階層——生命の発生から言語の誕生まで』(長野敬訳、シュプリンガー・フェアラーク東京、1997年)

Melo, D., and G. Marroig. 2015. Directional selection can drive the evolution of modularity in complex traits. *Proceedings of the National Academy of Sciences, USA* 112(2) : 470–475.

Standen, E. M., T. Y. Du, and H. C. E. Larsson. 2014. Developmental plasticity and the origin of tetrapods. *Nature* 513(7516) : 54–58.

West-Eberhard, M. J. 2003. *Developmental Plasticity and Evolution* (New York : Oxford University Press).

5 真社会性へと至る最終段階

Bang, A., and R. Gadagkar. 2012. Reproductive queue without overt conflict in the primitively eusocial wasp *Ropalidia marginata. Proceedings of the National Academy of Sciences, USA* 109(36) : 14494–14499.

Biedermann, P. H. W., and M. Taborsky. 2011. Larval helpers and

age polyethism in ambrosia beetles. *Proceedings of the National Academy of Sciences, USA* 108(41) : 17064–17069.

Cockburn, A. 1998. Evolution of helping in cooperatively breeding birds. *Annual Review of Ecology, Evolution, and Systematics* 29 : 141–177.

Costa, J. T. 2006. *The Other Insect Societies* (Cambridge, MA: Belknap Press of Harvard University Press).

Derex, M., M.-P. Beugin, B. Godelle, and M. Raymond. 2013. Experimental evidence for the influence of group size on cultural complexity. *Nature* 503(7476) : 389–391.

Evans, H. E. 1958. The evolution of social life in wasps. *Proceedings of the Tenth International Congress of Entomology* 2 : 449–451.

Holldobler, B., and E. O. Wilson. *The Ants* (Cambridge, MA : Belknap Press of Harvard University Press).

Hunt, J. H. 2011. A conceptual model for the origin of worker behaviour and adaptation of eusociality. *Journal of Evolutionary Biology* 25: 1–19.

Liu, J., R. Martinez-Corral, A. Prindle, D.-Y. D. Lee, J. Larkin, M. Gabalda-Sagarra, J. Garcia-Ojalvo, and G. M. Süel. 2017. Coupling between distant biofilms and emergence of nutrient time-sharing. *Science* 356(6338) : 638–642.

Michener, C. D. 1958. The evolution of social life in bees. *Proceedings of the Tenth International Congress of Entomology* 2 : 441–447.

Nalepa, C. A. 2015. Origin of termite eusociality : Trophallaxis integrates the social, nutritional, and microbial environment. *Ecological Entomology* 40(4) : 323–335.

Pruitt, J. N. 2012. Behavioural traits of colony founders affect the life history of their colonies. *Ecology Letters* 15 : 1026–1032.

Rendueles, O., P. C. Zee, I. Dinkelacker, M. Amherd, S. Wielgoss,

and G. J. Velicer. 2015. Rapid and widespread de novo evolution of kin discrimination. *Proceedings of the National Academy of Sciences, USA* 112(29) : 9076–9081.

Richerson, P. 2013. Group size determines cultural complexity. *Nature* 503(7476): 351–352.

Rosenthal, S. B., C. R. Twomey, A. T. Hartnett, H. S. Wu, and I. D. Couzin. 2015. Revealing the hidden networks of interaction in mobile animal groups allows prediction of complex behavioral contagion. *Proceedings of the National Academy of Sciences, USA* 112(15) : 4690–4695.

Szathmary, E. 2011. To group or not to group? *Science* 334(6063) : 1648–1649.

E・O・ウィルソン 1971. *The Insect Societies* (Cambridge, MA: Belknap Press of Harvard University Press).

E・O・ウィルソン『社会生物学』（伊藤嘉昭ら訳、新思索社、1999 年）

E・O・ウィルソン『人間の本性について』（岸由二訳、ちくま学芸文庫、1997 年）

E・O・Wilson, 2008. One giant leap: How insects achieved altruism and colonial life. *BioScience* 58(1) : 17–25.

E・O・Wilson, M・A・Nowak 2014. Natural selection drives the evolution of ant life cycles. *Proceedings of the National Academy of Sciences, USA* 111(35) : 12585–12590.

6　利他主義と分業を生み出すもの

Abbot, P., J. H. Withgott, and N. A. Moran. 2001. Genetic conflict and conditional altruism in social aphid colonies. *Proceedings of the National Academy of Sciences, USA* 98(21): 12068–12071.

Abouheif, E., and G. A. Wray. 2002. Evolution of the gene network

underlying wing polyphenism in ants. *Science* 297(5579) : 249–252.

Adams, E. S., and M. T. Balas. 1999. Worker discrimination among queens in newly founded colonies of the fire ant *Solenopsis invicta. Behavioral Ecology and Sociobiology* 45(5): 330–338.

Allen, B., M. A. Nowak, and E. O. Wilson. 2013. Limitations of inclusive fitness. *Proceedings of the National Academy of Sciences, USA* 110(50) : 20135–20139.

Avila, P., and L. Fromhage. 2015. No synergy needed: Ecological constraints favor the evolution of eusociality. *American Naturalist* 186(1) : 31–40.

Bang, A., and R. Gadagkar. 2012. Reproductive queue without overt conflict in the primitively eusocial wasp *Ropalidia marginata. Proceedings of the National Academy of Sciences, USA* 109(36) : 14494–14499.

Birch, J., and S. Okasha. 2015. Kin selection and its critics. *Bio-Science* 65(1) : 22–32.

ボーム『モラルの起源』

Bourke, A. F. G. 2013. A social rearrangement: Genes and queens. *Nature* 493(7434) : 612.

De Vladar, H. P., and E. Szathmáry. 2017. Beyond Hamilton's rule. *Science* 356(6337) : 485–486.

Gat, A. 2018. Long childhood, family networks, and cultural exclusivity: Missing links in the debate over human group selection and altruism. *Evolutionary Studies in Imaginative Culture* 2(1) : 49–58.

ハイト『社会はなぜ左と右にわかれるのか』

Hölldobler, B., and E. O. Wilson. 2009. *The Superorganism: The Beauty, Elegance, and Strangeness of Insect Societies* (New York : W. W. Norton).

Hunt, J. H. 2018. An origin of eusociality without kin selection.

Kapheim, K. M., et al. 2015. Genomic signatures of evolutionary transitions from solitary to group living. *Science* 348(6239) : 1139–1142.

Linksvayer, T. 2014. Evolutionary biology: Survival of the fittest group. *Nature* 514(7522) : 308–309.

Mank, J. E. 2013. A social rearrangement: Chromosome mysteries. *Nature* 493(7434) : 612–613.

Nalepa, C. I. 2015. Origin of termite eusociality: Trophallaxis integrates the social, nutritional, and microbial environments. *Ecological Entomology* 40(4) : 323–335.

Nowak, M. A., A. McAvoy, B. Allen, and E. O. Wilson. 2017. The general form of Hamilton's rule makes no predictions and cannot be tested empirically. *Proceedings of the National Academy of Sciences, USA* 114(22) : 5665–5670.

Oster, G. F., and E. O. Wilson. 1978. *Caste and Ecology in the Social Insects* (Princeton, NJ: Princeton University Press).

Pruitt, J. N. 2012. Behavioural traits of colony founders affect the life history of their colonies. *Ecology Letters* 15: 1026–1032.

Pruitt, J. N. 2013. A real-time eco-evolutionary dead-end strategy is mediated by the traits of lineage progenitors and interactions with colony invaders. *Ecology Letters* 16 : 879–886.

Pruitt, J. N., and C. J. Goodnight. 2014. Site-specific group selection drives locally adapted group compositions. *Nature* 514(7522) : 359–362.

Rendueles, O., P. C. Zee, I. Dinkelacker, M. Amherd, S. Wielgoss, and G. J. Velicer. 2015. Rapid and widespread de novo evolution of kin discrimination. *Proceedings of the National Academy of Sciences, USA* 112(29) : 9076–9081.

Ruse, M., and J. Travis, eds. 2009. *Evolution: The First Four Billion*

Years (Cambridge, MA: Belknap Press of Harvard University Press).

Science and Technology : Ecology. 2015. Pack power. *The Economist,* 30 May: 79–80.

Shbailat, S. J., and E. Abouheif. 2013. The wing patterning network in the wingless castes of myrmicine and formicine species is a mix of evolutionarily labile and non-labile genes. *Journal of Experimental Zoology (Part B: Molecular and Developmental Evolution)* 320: 74–83.

Silk, J. B. 2014. Animal behaviour: The evolutionary roots of lethal conflict. *Nature* 513(7518) : 321–322.

Teseo, S., D. J. Kronauer, P. Jaisson, and N. Chaline. 2013. Enforcement of reproductive synchrony via policing in a clonal ant. *Current Biology* 23(4) : 328–332.

Thompson, F. J., M. A. Cant, H. H. Marshall, E. I. K. Vitikainen, J. L. Sanderson, H. J. Nichols, J. S. Gilchrist, M. B. V. Bell, A. J. Young, S. J. Hodge, and R. A. Johnstone. 2017. Explaining negative kin discrimination in a cooperative mammal society. *Proceedings of the National Academy of Sciences,* USA 114(20) : 5207–5212.

Tschinkel, W. R. 2006. *The Fire Ants* (Cambridge, MA: Belknap Press of Harvard University Press).

Wang, J., Y. Wurm, M. Nipitwattanaphon, O. Riba-Grognuz,

Y.-C. Huang, D. Shoemaker, and L. Keller. 2013. A Y-like social chromosome causes alternative colony organization in fire ants. *Nature* 493(7434): 664–668.

Wilson, D. S., and E. O.Wilson. 2007. Rethinking the theoretical foundation of sociobiology. *Quarterly Review of Biology* 82(4) : 327–348.

E. O. Wilson 1971. *The Insect Societies* (Cambridge, MA: Harvard

University Press).
E・O・Wilson 2008. One giant leap: How insects achieved altruism and colonial life. *BioScience* 58(1): 17–24.
E・O・Wilson 2012. *The Social Conquest of Earth* (New York: Liveright).
Wilson, M. L., et al. 2014. Lethal aggression in *Pan* is better explained by adaptive strategies than human impacts. *Nature* 513(7518) : 414–417.
Wright, C. M., C. T. Holbrook, and J. N. Pruitt. 2014. Animal personality aligns task specialization and task proficiency in a spider society. *Proceedings of the National Academy of Sciences, USA* 111(26) : 9533–9537.

7　ヒトの社会性の起源

Aanen, D. K., and T. Blisseling. 2014. The birth of cooperation. *Science* 345(6192) : 29–30.
An, J. H., E. Goo, H. Kim, Y.-S.Seo, and I. Hwang. 2014. Bacterial quorum sensing and metabolic slowing in a cooperative population. *Proceedings of the National Academy of Sciences, USA* 111(41) : 14912–14917.
Antōn, S. C., R. Potts, and L. C. Aiello. 2014. Evolution of early Homo: An integrated biological perspective. *Science* 345(6192) : 45.
Barragan, R. C., and C. S. Dweck. 2014. Rethinking natural altruism: Simple reciprocal interactions trigger children's benevolence. *Proceedings of the National Academy of Sciences, USA* 111(48) : 17071–17074.
Bateman, T. S., and A. M. Hess. 2015. Different personal propensi-

ties among scientists relate to deeper vs. broader knowledge contributions. *Proceedings of the National Academy of Sciences, USA* 112(12) : 3653–3658.

Boardman, J. D., B. W. Domingue, and J. M. Fletcher. 2012. How social and genetic factors predict friendship networks. *Proceedings of the National Academy of Sciences, USA* 109(43) : 17377–17381.

ボーム『モラルの起源』

Botero, C. A., B. Gardner, K. R. Kirby, J. Bulbulia, M. C. Gavin, and R. D. Gray. 2014. The ecology of religious beliefs. *Proceedings of the National Academy of Sciences, USA* 111(47) : 16784–16789.

Brown, K. S., C. W. Marean, Z. Jacobs, B. J. Schoville, S. Oestmo, E. C. Fisher, J. Bernatchez, P. Karkanas, and T. Matthews. 2012. An early and enduring advanced technology originating 71,000 years ago in South Africa. *Nature* 491(7425) : 590–593.

Cockburn, A. 1998. Evolution of helping in cooperatively breeding birds. *Annual Review of Ecology, Evolution, and Systematics* 29 : 141–177.

Crockett, M. J., Z. Kurth-Nelson, J. Z. Siegel, P. Dayan, and R. J. Dolan. 2014. Harm to others outweighs harm to self in moral decision making. *Proceedings of the National Academy of Sciences, USA* 111(48) : 17320–17325.

Di Cesare, G., C. Di Dio, M. Marchi, and G. Rizzolatti. 2015. Expressing our internal states and understanding those of others. *Proceedings of the National Academy of Sciences, USA* 112(33) : 10331–10335.

Dunbar, R. I. M. 2014. How conversations around campfires came to be. *Proceedings of the National Academy of Sciences, USA* 111(39) : 14013–14014.

Flannery, K. V., and J. Marcus. 2012. *The Creation of Inequality: How Our Prehistoric Ancestors Set the Stage for Monarchy, Slavery, and Empire* (Cambridge, MA: Harvard University Press).

Foer, J. 2015. It's time for a conversation (dolphin intelligence) *National Geographic* 227(5) : 30–55.

Gallo, E., and C. Yan. 2015. The effects of reputational and social knowledge on cooperation. *Proceedings of the National Academy of Sciences, USA* 112(12) : 3647–3652.

Gintis, H. 2016. *Individuality and Entanglement: The Moral and Material Bases of Social Life* (Princeton, NJ: Princeton University Press).

Gomez, J. M., M. Verdu, A. Gonzālez-Megías, and M. Méndez. 2016. The phylogenetic roots of human lethal violence. *Nature* 538(7624) : 233–237.

Gonzālez-Forero, M., and S. Gavrileta. 2013. Evolution of manipulated behavior. *American Naturalist* 182(4) : 439–451.

Gottschall, J., and D. S. Wilson, eds. 2005. *The Literary Animal: Evolution and the Nature of Narrative* (Evanston, IL: Northwestern University Press).

Halevy, N., and E. Halali. 2015. Selfish third parties act as peacemakers by transforming conflicts and promoting cooperation. *Proceedings of the National Academy of Sciences, USA* 112(22) : 6937–6942.

ベルンド・ハインリッチ『人はなぜ走るのか』（鈴木豊雄訳、清流出版、2006年）

Hilbe, C., B. Wu, A. Traulsen, and M. A. Nowak. 2014. Cooperation and control in multiplayer social dilemmas. *Proceedings of the National Academy of Sciences, USA* 111(46) : 16425–16430.

Hoffman, M., E. Yoeli, and M. A. Nowak. 2015. Cooperate without looking : Why we care what people think and not just what

they do. *Proceedings of the National Academy of Sciences, USA* 112(6) : 1727–1732.

Keiser, C. N., and J. N. Pruitt. 2014. Personality composition is more important than group size in determining collective foraging behaviour in the wild. *Proceedings of the Royal Society B* 281 (1796) : 1424–1430.

Leadbeater, E., J. M. Carruthers, J. P. Green, N. S. Rosen, J. Field. 2011. Nest inheritance is the missing source of direct fitness in a primitively eusocial insect. *Science* 333(6044) : 874–876.

LeBlanc, S. A., and K. E. Register. 2003. *Constant Battles: The Myth of the Peaceful, Noble Savage* (New York: St. Martin's Press).

Liu, J., R. Martinez-Corral, A. Prindle, D.-Y. D. Lee, J. Larkin, M. Gabalda-Sagarra, J. Garcia-Ojalvo, and G. M. Süel. 2017. Coupling between distant biofilms and emergence of nutrient time-sharing. *Science* 356(6338) : 638–642.

Macfarlan, S. J., R. S. Walker, M. V. Flinn, and N. A. Chagnon. 2014. Lethal coalitionary aggression and long-term alliance formation among Yanomamö men. *Proceedings of the National Academy of Sciences, USA* 111(47) : 16662–16669.

Martinez, A. E., and J. P. Gomez. 2013. Are mixed-species bird flocks stable through two decades? *American Naturalist* 181(3) : E53–E59.

Mesterton-Gibbons, M., and S. M. Heap. 2014. Variation between self-and mutual assessment in animal contests. *American Naturalist* 183(2) : 199–213.

Miller, M. B., and B. L. Bassler. 2001. Quorum sensing in bacteria. *Annual Review of Microbiology* 55 : 165–199.

Muchnik, L., S. Aral, and S. J. Taylor. 2013. Social influence bias : A randomized experiment. *Science* 341(6146) : 647–651.

Opie, C., et al. 2014. Phylogenetic reconstruction of Bantu kinship

challenges main sequence theory of human social evolution. *Proceedings of the National Academy of Sciences, USA* 111(49): 17414–17419.

Rand, D. G., M. A. Nowak, J. H. Fowler, and N. A. Christakis. 2014. Static network structure can stabilize human cooperation. *Proceedings of the National Academy of Sciences, USA* 111(48): 17093–17098.

Roes, F. L. 2014. Permanent group membership. *Biological Theory* 9(3): 318–324.

Suderman, R., J. A. Bachman, A. Smith, P. K. Sorger, and E. J. Deeds. 2017. Fundamental trade-offs between information flow in single cells and cellular populations. *Proceedings of the National Academy of Sciences, USA* 114(22): 5755–5760.

Thomas, E. M. 2006. *The Old Way: A Story of the First People* (New York: Farrar, Straus and Giroux).

マイケル・トマセロ『心とことばの起源を探る――文化と認知』（大堀壽夫ら訳、勁草書房、2006 年）

Wiessner, P. W. 2014. Embers of society : Firelight talk among the Ju/'hoansi Bushmen. *Proceedings of the National Academy of Sciences, USA* 111(39): 14027–14035.

E. O. ウィルソン『社会生物学』

E. O. ウィルソン『人類はどこから来て、どこへ行くのか』

E. O. ウィルソン『ヒトはどこまで進化するのか』

Wilson, M. L., et al. 2014. Lethal aggression in *Pan* is better explained by adaptive strategies than human impacts. *Nature* 513 (7518): 414–417.

リチャード・ランガム『火の賜物――ヒトは料理で進化した』（依田卓己訳、NTT 出版、2010 年）

リチャード・ランガム、ディル・ピーターソン『男の凶暴性はどこからきたか』（山下篤子訳、三田出版会、1998 年）

[著者]
エドワード・O・ウィルソン　Edward O. Wilson
世界有数の生物学者。ハーバード大学名誉教授および同大学自然史博物館名誉学芸員(昆虫学)。社会生物学と島嶼生物学の創始者として知られ、自然科学と人文科学を融合する3つの概念(バイオフィリア、生物多様性、コンシリエンス)をつくり上げた。2度のピューリッツァー賞の受賞をはじめ、アメリカ国家科学賞、スウェーデン王立科学アカデミーが授与するクラフォード賞など、科学や文芸での受賞歴は100を超える。著書に『社会生物学』(新思索社)、『人間の本性について』(1979年ピューリッツァー賞一般ノンフィクション部門受賞、筑摩書房)、『人類はどこから来て、どこへ行くのか』(化学同人)、『ヒトはどこまで進化するのか』(亜紀書房)など多数。

[訳者]
小林由香利　こばやし・ゆかり
翻訳家。東京外国語大学英米語学科卒業。訳書にP・W・シンガー『ロボット兵士の戦争』『「いいね!」戦争――兵器化するソーシャルメディア』、ローレンス・C・スミス『2050年の世界地図――迫りくるニュー・ノースの時代』、ケヴィン・ダットン『サイコパス――秘められた能力』(以上、NHK出版)、トマス・レヴェンソン『幻の惑星ヴァルカン――アインシュタインはいかにして惑星を破壊したのか』、エドワード・O・ウィルソン『ヒトはどこまで進化するのか』、サイ・モンゴメリー『愛しのオクトパス――海の賢者が誘う意識と生命の神秘の世界』(以上、亜紀書房)などがある。

[解説]
吉川浩満　よしかわ・ひろみつ
国書刊行会、ヤフーを経て文筆業。慶應義塾大学総合政策学部卒業。著書に『理不尽な進化――遺伝子と運のあいだ』(朝日出版社)、『人間の解剖はサルの解剖のための鍵である』(河出書房新社)、山本貴光との共著に『脳がわかれば心がわかるか――脳科学リテラシー養成講座』(太田出版)、『問題がモンダイなのだ』(ちくまプリマー新書)、『その悩み、エピクテトスなら、こう言うね。――古代ローマの大賢人の教え』(筑摩書房)、同氏との共訳にジョン・R・サール『MiND』(ちくま学芸文庫)、メアリー・セットガスト『先史学者プラトン――紀元前一万年―五千年の神話と考古学』(朝日出版社)などがある。

[校閲] 酒井清一
[組版] 岩井康子(アーティザン・カンパニー)

ヒトの社会の起源は動物たちが知っている

「利他心」の進化論

2020年7月30日　第1刷発行

著　者 ――――― エドワード・O・ウィルソン
訳　者 ――――― 小林由香利
発行者 ――――― 森永公紀
発行所 ――――― NHK出版
〒150-8081 東京都渋谷区宇田川町41-1
電話　0570-002-245(編集)　0570-000-321(注文)
ホームページ　http://www.nhk-book.co.jp
振替　00110-1-49701

印　刷 ――――― 亨有堂印刷所、大熊整美堂
製　本 ――――― ブックアート

ISBN978-4-14-081825-1 C0045